求生存的絕技！

利用能夠融入周[illegible]顏色、斑紋或是[illegible]自己的[illegible]擬[illegible]不[illegible]不容易被[illegible]

▲棲息在澳洲沿岸海洋中的葉海龍。覆蓋全身的分叉突起與周圍的環境酷似，能夠欺騙敵人的眼睛。

擬態 Camouflage

◀ 以細長的身體停棲在樹上，姿態酷似樹枝的櫟棒䗛。雖然以闊葉樹的樹葉為食，但是牠白天多半靜止不動。

◀ 能迅速伸出長長舌頭捕捉小昆蟲的變色龍。牠們會依照環境的亮度及氣溫改變身體的顏色。

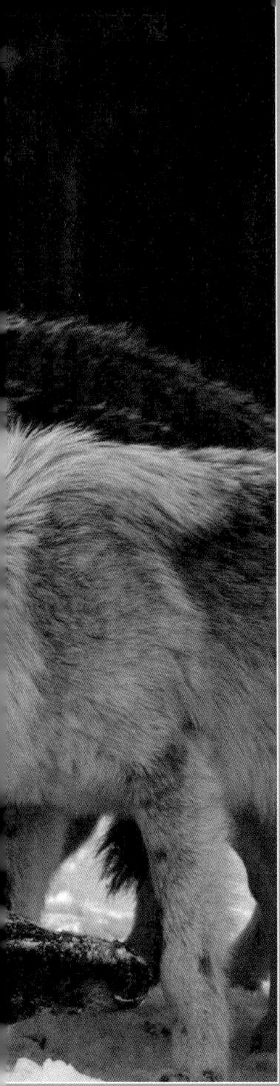

動物的驚人戰略

生物們為了要讓自己能夠活得更久，並留下最多子孫，衍生出各式各樣的戰略。尖銳的針和毒性也是防身用的手段之一。此外，除了有和同伴一起狩獵的動物之外，也有和不同生物共同合作的生物。

共生 Symbiosis

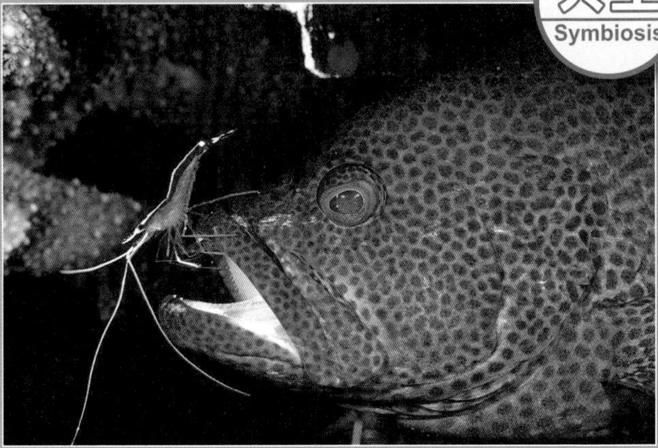

▲ 讓蝦子幫忙吃附著在身上的寄生蟲或嘴裡食物殘渣的青星九刺鮨。這是對兩者都有好處的互利關係。

▲ 會釋出螞蟻喜歡液體的蚜蟲（綠色），牠們讓螞蟻取得這些液體，交換螞蟻保護自己不受瓢蟲等天敵攻擊的權利。

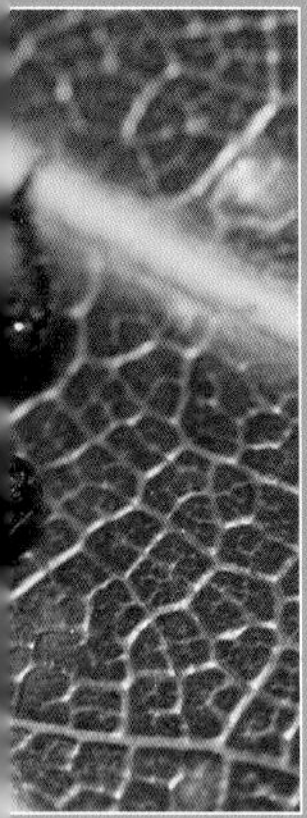

◀ 箭毒蛙具有能夠麻痺神經的劇毒，以醒目的體色對敵人發出「不要靠近我」的警告。

狩獵 Hunting

▲狼是結合團體的力量來狩獵。這樣的失敗率比較小，也比較有效果，並且還能打敗比自己大的對手。

防禦 Defense

▶除了腹部之外，整個身體都被針毛覆蓋的針鼴，在有可能被敵人攻擊時，就把身體捲起來保護自己。

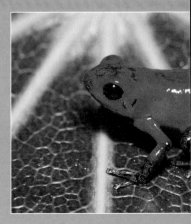

植物也有很棒的功夫與戰略

植物不是為了要成為草食動物的食物而毫無防備地活著。它們會讓昆蟲幫忙傳粉，並巧妙的利用或是欺騙其他的生物，是相當有智慧的呢！

◀ 寄生在落葉樹樹枝上的槲寄生，會溶解樹皮把根埋進去、搶奪礦物質及水分，好讓自己能夠行光合作用。

▼ 食蟲植物中的毛氈苔會釋出有黏性的液體捕捉昆蟲，用消化液將昆蟲消化之後再吸收其養分。

植物
Plant

照片提供／ Nature Production, Minden Pictures, Nature Picture Library

哆啦A夢科學任意門

DORAEMON SCIENCE WORLD

動植物放大鏡

哆啦A夢科學任意門 動植物放大鏡

目錄

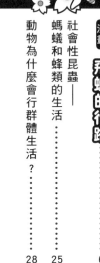

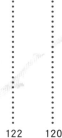

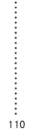

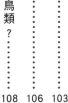

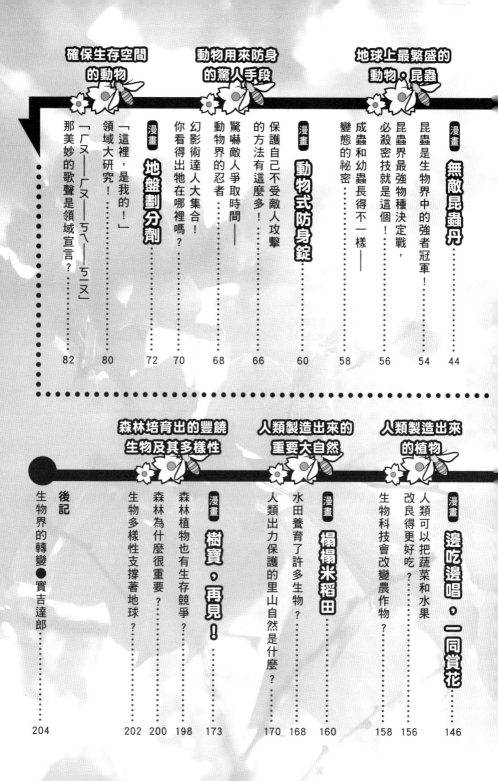

關於這本書

這本書，是一本很貪心地希望讓大家能一邊享受閱讀哆啦A夢漫畫的樂趣，一邊學習最新科學知識的書。

在漫畫中提到的科學主題會在隨後的章節做深入解說。雖然其中可能包含了一些相當難的內容，但還是希望大家在閱讀之後，能夠了解在動物和植物的生態中已知的部分，以及未知待解的謎團。

遠在地球上有人類誕生之前，動植物就已經存在於地球上。在這段漫長的歷史中，它們以各式各樣的方式生存著，並各自演化出繁衍後代的方法。現今還有無數動植物的能力或行為，是我們人類尚未了解的，而且，地球上也還有許多未知的動植物陸陸續續被發現。

一般認為地球是因為有各種各樣的生物共存著，才能夠保持生態平衡；人類是從地球上的生物中獲得了莫大的恩惠才得以生存。能夠讓在地球上和多種生物一起生存著的各位，了解從遠古以來生存至今的它們存在的重要性，是這本書的目的。

※未特別載明的數據資料皆為二〇二〇年十二月的資訊。

快看，出來了！
他平安的長大了，太好了！

飛蟻的行蹤

又在偷懶！
作業還沒寫吧？
你聽過螞蟻與蟋蟀的故事嗎？
你再這樣懶惰下去……
應該要學習螞蟻努力……
別踩到牠了。
這裡有一隻飛蟻。
牠在這裡遊晃一個小時了。
在做什麼啊？
牠在傷腦筋飛到這裡來了吧？
放回外面的土地上。
我要觀察牠接下來要做什麼。

「影像播放鏡」。
只要對著目標按下按鈕，
之後不論牠到了哪裡，
都會繼續播放影像。
隨時隨地都可以觀察牠的狀態。
我現在要看。
在吃飯之前把作業寫完！
趕快寫完我就可以看鏡子了。
總算做完了。
已經九點了，快來吃飯。
我吃飽了。
時間很晚了，趕快去睡覺。
趕快起床上學，該去上學啦。

動植物放大鏡Q&A

Q 原產於南美洲，在九〇年代引進日本後因數量暴增而造成問題的螞蟻叫什麼？

A 阿根廷蟻。巢裡有多隻蟻后，讓螞蟻數量不停增加。牠們會攻擊附近日本螞蟻的巢，有時會將整巢日本螞蟻全數消滅。

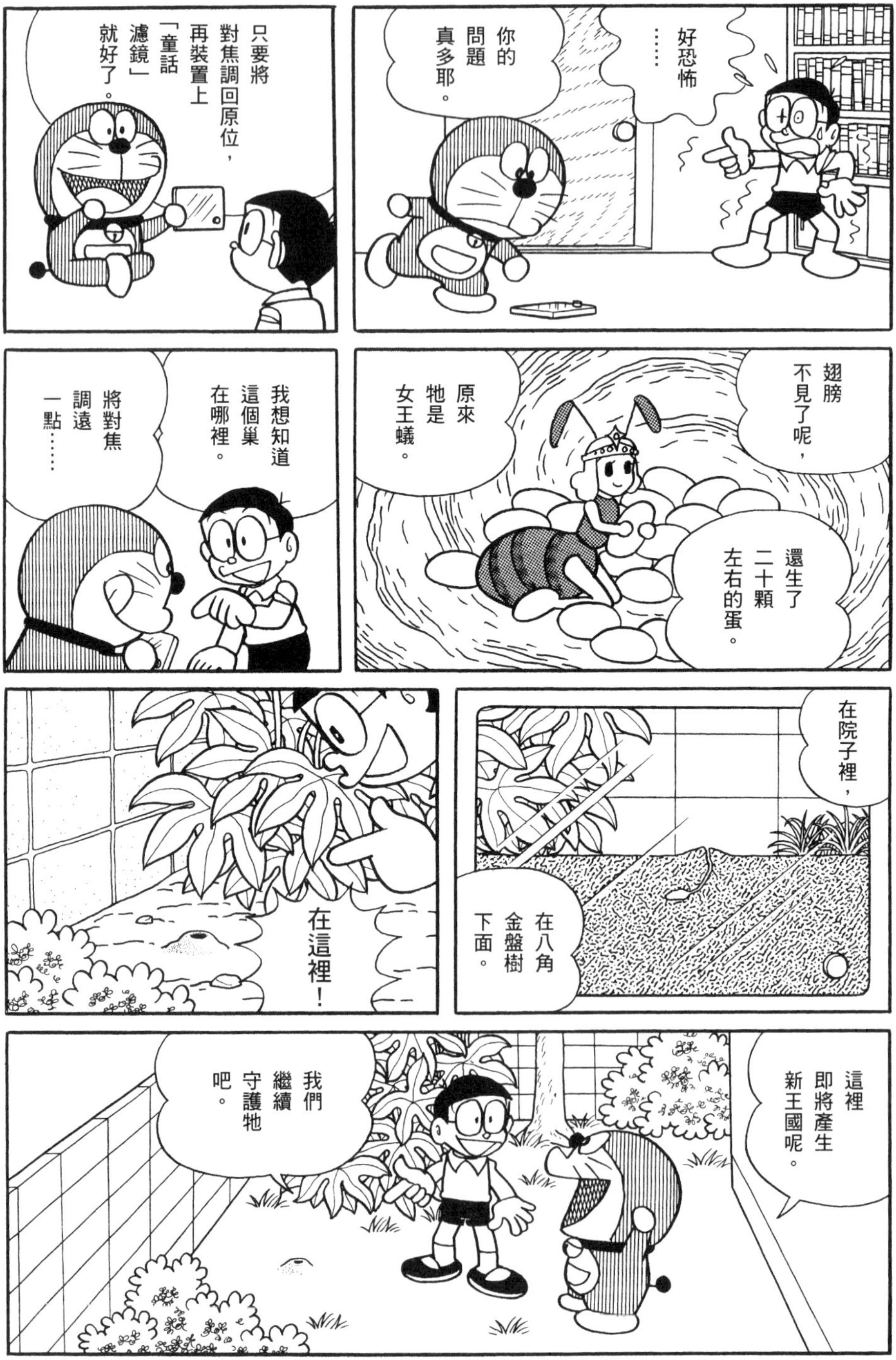
好恐怖……
你的問題真多耶。
只要將對焦調回原位，再裝置上「童話濾鏡」就好了。
翅膀不見了呢，
還生了二十顆左右的蛋。
原來牠是女王蟻。
我想知道這個巢在哪裡。
將對焦調遠一點……
在院子裡，
在八角金盤樹下面。
在這裡！
這裡即將產生新王國呢。
我們繼續守護牠吧。

動植物放大鏡Q&A

Q 在巢裡培植蕈類的螞蟻是？
①日本山蟻 ②刺蟻 ③切葉蟻

A ③切葉蟻。這是分布於北美大陸熱帶地區的螞蟻，牠會把葉片切下來運到巢裡，切得更碎之後在巢裡栽培蕈類。

我們要打棒球囉。
馬上到空地集合。
安岡医院
我今天很忙。
不知道蛋什麼時候會孵化出來……
從那之後已經過了三天。
都孵化囉。
真的!?
哇，好可愛喔。
牠為了防止細菌附著，一隻隻舔牠們的身體呢。
而且都用嘴巴餵牠們食物……真是辛苦。
大雄每天急著回去不知道在做什麼。
安岡医院
牠們變成蛹了。
真的嗎!?

總有一天這些飛蟻就會破繭而出獨當一面。
就快了。
牠們孵化出來了。
沒想到這樣一個小家庭，
會逐漸的增加成員，擴大牠們的家園，
而成為擁有成千上萬子民的女王國。
我回來了～～
點心!!
有作業嗎？
有啊，
待會再寫。

動植物放大鏡Q&A

Q 螞蟻跟下列的哪種昆蟲是同類呢？

① 球鼠婦 ② 蜂類 ③ 白蟻

※啪啦啪啦
喔，努力的在工作啊。
你們辛苦了。
パラ
パラ
播放鏡給我看。
作業呢？
有啊。
待會再寫。
啊，牠們發現蛋糕了。
正開心的搬運著。
這塊太大了嗎？
抱歉。
我去把蛋糕弄小點。
大雄最近很奇怪呢。
每天都會盯著鏡子……

A ②蜂類。螞蟻雖在陸地生活，但其實和蜂同類，親緣與胡蜂接近。白蟻雖有「蟻」字，卻是蟑螂的親戚。

男孩子怎麼能成天照鏡子……
那是什麼？
喔，是蟻穴啊。
爸爸小時候也用玻璃瓶養過。
差不多該還我了吧。
等等，牠們正在搬運一隻毛毛蟲。
沒關係啦，觀察大自然不是件壞事。
掉到螞蟻地獄去了。
越掙扎就越往下滑……
牠會被拖下去吃掉的。
反正他很快就會膩了。

動植物放大鏡Q&A

Q 小黃家蟻和白蟻一樣會在木材中築巢。這是真的嗎？

A 真的。小黃家蟻原產於熱帶非洲。會進入住家中築巢，有時會為了尋找食物進入房間。雖是雜食性卻喜歡吃肉。

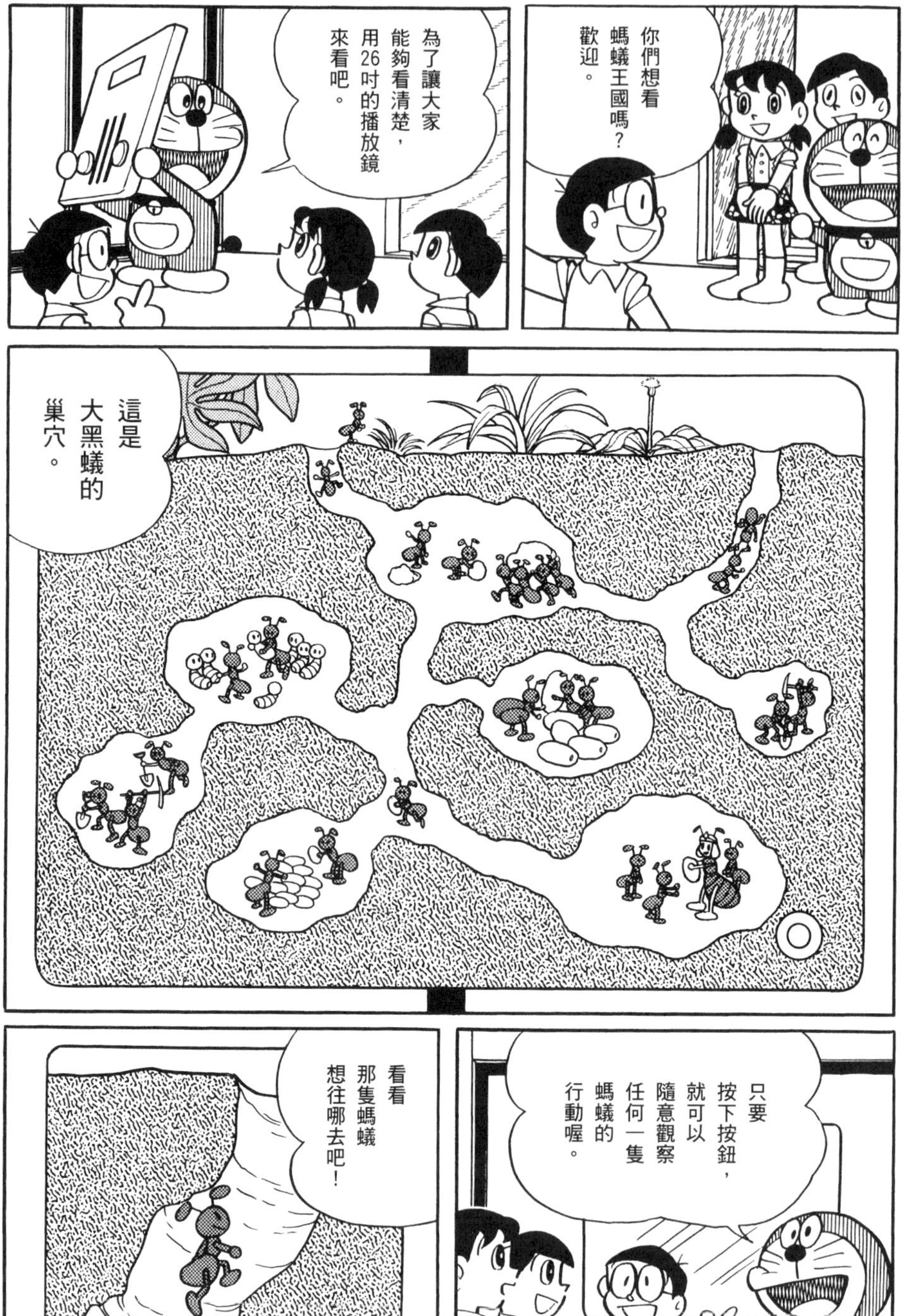

你們想看螞蟻王國嗎？歡迎。
為了讓大家能夠看清楚，用26吋的播放鏡來看吧。
這是大黑蟻的巢穴。
只要按下按鈕，就可以隨意觀察任何一隻螞蟻的行動喔。
看看那隻螞蟻想往哪去吧！

動植物放大鏡Q&A

Q 鳥類中有像中美洲的食蟻獸那樣以螞蟻為食。這是真的嗎？

牠跟守衛蟻用觸角打招呼。
千里迢迢的找尋食物…
居然不會迷路耶。
因為牠的身體會散發「費洛蒙」，一邊留下味道一邊前進啊。
喔，有大隻的蟲寶寶在哭泣呢。
那是螞蟻寶寶嗎？
太大隻了吧。
牠去呼朋引伴囉。
要把牠搬回巢裡耶。
難道是想吃掉牠!?

A 真的。地啄木，雖和啄木鳥同類，喙部卻沒那麼堅固。牠們會降落到地面，用長長舌頭以吸食的方式吃螞蟻。

※冒出來

※噗咻

動植物放大鏡Q&A

Q 螞蟻的天敵蟻獅，是哪種昆蟲的幼蟲？

①黃腳蟻蛉 ②金龜子 ③螢火蟲

A ①黃腳蟻蛉。牠們的幼蟲期將近兩年。成蟲身體像蜻蜓般細長，會輕飄飄的飛來飛去。主要在夜間活動。

※戳戳
チョイ チョイ
來，請進。
簡直就像迷宮一樣。
蟻蛋的房間。
蟲寶寶會在哪裡呢？
這裡在工事中。
你們在幹嘛？
沒事…
牠在看我們耶。
牠們起疑了嗎？

動植物放大鏡Q&A

Q 有種螞蟻不築巢，會邊移動邊狩獵，牠們連兔子或雞都敢去攻擊。這是真的嗎？

A 真的。分布於非洲的武士蟻、南北美的美洲行軍蟻等會組成數萬或數十萬的蟻群，牠們以巨大的顎部為武器來攻擊獵物。

動植物放大鏡Q&A

Q 下面三人在接近虎頭蜂巢時，誰會被攻擊得最厲害？

① 穿白衣服

② 穿黑衣服

③ 穿綠衣服

A ② 穿黑衣服的人。虎頭蜂具有會特別激烈攻擊黑色的習性。據說這是由於以前的黑熊會攻擊巢裡的幼蟲所致。

王子跟公主誕生了。
接下來牠們會為了建立新王國而踏上旅程。
那幾個小不點嗎？
大家都長大了啊，
而且開始各自養育自己的子孫……
你也是一樣喔，
人不可能一輩子都不長大的。
你可要振作點!!
來寫作業好了。

社會性昆蟲——螞蟻和蜂類的生活

以女王（后）為中心辛勤工作 螞蟻與蜂的群體生活

應該有不少人看過螞蟻列隊把食物搬回巢中的樣子吧！也應該有人看過有很多虎頭蜂在裡面共同生活的大型蜂窩吧！

螞蟻、白蟻，以及蜂類的虎頭蜂、蜜蜂、長腳蜂等都是行群體生活的昆蟲，牠們都是以具有發達的社會性而為人所知。這些昆蟲並非只是同種動物聚集在一起生活而已，而是具有同心協力共同育幼，或是親代和子代等不同世代在同一個巢中一起生活的特徵。這類的昆蟲被稱為「社會性昆蟲」。除此之外，牠們還會分成持續產卵的蜂后／蟻后、為了保護巢而辛勤工作的雌性（工蜂／工蟻），以及雄性（主要任務是和產卵雌性交配），這也是這類昆蟲很大的一項特徵。

雖然有像蜜蜂那樣每當巢中有新的蜂后誕生，原本的蜂后就會飛離蜂巢到別處構築新巢的物種，不過大部分的社會性昆蟲都是到了某個特定季節，就能夠產下會變成女王的蜂后／蟻后，而牠們在長大後就會離巢，獨自建立一個新的巢。正如同漫畫中所敘述的，會成為蟻后的是有翅膀、能在空中飛行的螞蟻，可是在製作新巢前，翅膀就會脫落了。

▼行群體生活的蜜蜂。養蜂是很巧妙的利用牠們的習性來採蜂蜜。

攝影／瀧田義博

大家同心協力共同生活的祕密在於氣味的溝通

具有社會性的蟻和蜂，會有一隻或數隻蟻后或蜂后，與數量從數十到數千、甚至數萬的工蟻、工蜂住在一起。從蟻后、蜂后產下的卵中孵化的幼蟲會結繭成蛹，然後長大變為成蟲，成為工蟻或工蜂。一般來說，長大成為成蟲的個體並不會立刻負責離巢尋找食物，而是會先在巢中幫忙育幼或是清理巢穴，再到外面去尋找食物。

然而讓人很不可思議的是，沒有語言的昆蟲為什麼能夠同心協力分工育幼或是築巢，並在同一個巢裡來來去去的搬運食物？一般認為被用來幫助這些群體行為的溝通方法是「氣味」，例如牠們能夠透過女王或同伴釋出的氣味（化學物質）來辨識同巢的同伴。

此外，巢中有幼蟲或是有儲存食物很容易吸引敵人前來搶奪，所以也有用來通知大家敵人來了的氣味，透過氣味告知危險，讓同伴發起攻擊行為。在登山步道上健行的人被大群蜂類攻擊的事故時有所聞，這通常都是起因於被攻擊的人不小心過於接近蜂窩所致。看到人的蜂會以為自己的巢穴即將受到攻擊，便釋出通知敵人來襲的氣味。接受到這個信號之後，巢中的同伴們就會紛紛飛出來。

在遭受到敵人攻擊時，日本蜂具有極為獨特的作戰方式。由於牠們在一對一時完全敵不過攻擊蜂巢的虎頭蜂，於是日本蜂就像是在玩日本小朋友的遊戲「推饅頭」那

▼日本蜂包圍侵入巢中的虎頭蜂，利用群聚產生的溫度殺死虎頭蜂。

推啊推饅頭！
推啊推饅頭！
45°C
好熱啊！

插圖／佐藤諭

樣，以群聚方式包圍住虎頭蜂，並從身體釋放出熱能，累積的熱度（約為攝四十五度）就能把虎頭蜂給熱死。有趣的是，養蜂業為了採蜜而大量飼養的義大利蜂，並不會使用這種團體戰。因為相較於零星攻擊，這樣做有時候反而會受到更大傷害。

※譯註：「推饅頭」是日本傳統遊戲。玩法是幾個小朋友一起擠啊！擠在一起，讓彼此身體變暖和。

螞蟻之所以會排隊，也是因爲有氣味訊號

螞蟻在收集食物時也會利用氣味。懂得排隊以群體合作方式收集食物的螞蟻，在搬運食物時會從腹部前端釋出有氣味的化學物質做為溝通訊號，牠們會一邊行進一邊將氣味留置在地面，並且會以在食物多的地點留下比較多、少的地點留比較少的方式來進行調溝通。同夥的螞蟻會用觸角感知這些氣味，循著氣味抵達食物所在之處。由於氣味成為路線指標，所以數量眾多的螞蟻就會排成隊伍而不會走散。

特別專欄

女王並不輕鬆

插圖／佐藤諭

尋找食物和照顧幼蟲等工作都交由其他雌性（工蟻或工蜂）來做，只負責被餵食和產卵的女王，日子看起來似乎過得非常輕鬆，但是牠並不是從一開始就過這樣的生活。譬如說，飛離舊巢的有翅蟻——候補蟻后，在翅膀掉落之後必須靠自己的力量，在石頭和土的空隙中挖洞做一個小型的巢，然後產下大約 10 個左右的卵，並且要用自己的體液來餵養這些剛誕生的幼蟲。這時保護巢穴也是蟻后的工作，必須等到過了一個月左右，成為工蟻的女兒們才會到外面去尋找食物。在這段期間，有些蟻后會因為無法保護巢穴就死掉了。

▲ 虎頭蜂的蜂后在秋天交配後，就會自己獨自過冬、單獨築巢。

動物的群體有各式各樣的形式

在被稱為脊椎動物（魚類、兩生類、爬蟲類、鳥類）的動物中，行群體生活的不在少數，但是牠們的理由絕對不會一樣，除了群體的大小外，形成方式及複雜程度也各有不同。

能夠組成最複雜群體的動物，是人類。從家庭這種最小的群體單位到學校、公司、社區、國家等，人類會依照目的分別使用各種層級的群體，一邊活用各類溝通方式來互相連結。甚至可以說現在地球上的人類，幾乎已經全部形成一個群體（社會）了！

雖說會形成群體，也不一定都是高等的。當初最原始的群體形態，其實只是很單純的聚集在一起。只是一群在相同時期誕生於同一場所的個體，在生活上會有很多接觸，但同伴之間並沒有連結。等到這樣的接觸成為習慣之後，就轉變成共同生活的群體了。

▲生活在地下洞穴的黑尾草原犬鼠不只是和家族一起生活而已，也會和許多同伴一起形成一個大群體共同生活。

插圖／田中豐美

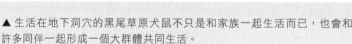

另外，雖然棲息在非洲乾草原的牛羚、斑馬等會形成非常大的群體，但是同為哺乳類的獅子卻只會形成小群體。也有像熊或老虎等單獨生活的物種（熊的母子會一起生活到幼熊長大）。此外，還有像灰椋鳥或烏鴉那般，在白天是單獨或少數個體一起活動，到了傍晚再一起回到夜棲點形成大群體的物種。

即使是天敵很多的野生生活，只要大家聚在一起就什麼也不怕！

那麼，為什麼脊椎動物們會形成群體呢？其實簡單說就是為了自己的方便。

在大自然中，動物們不知道自己在什麼時候會遭受到敵人的攻擊，若是周圍有許多同伴在的話，即使自己沒有發現，同伴們也會幫忙發現，這樣就能夠及早逃走或是和同伴一起抵抗敵人。此外，就算是遭受到攻擊，只要處在群體之中，自己得救的機率就會變高。因為每次大概都只有一隻會被攻擊，並且多半是衰弱跑不快的個體，強壯的個體就可以趁機順利逃走。

特別專欄

海中也有許多的群體

在大海中也有非常多會形成群體的魚類。像沙丁魚會一邊保持幾乎能夠碰觸彼此的距離游動，一邊聚集成超大魚群，看起來簡直就像是一個巨大的生物。一般來說，魚類群體的特徵是由相同時期誕生於相同場所的同伴所構成，體型大小也差不多。形成魚群的原因雖然跟陸生動物相同（請參考本文），不過對魚類來說，群體游泳還具有減低水的阻力、減少能量消耗的效果。雖然會形成魚群的多半是小型魚類，不過也有像浪人鰺這類以群體進行狩獵的魚種。

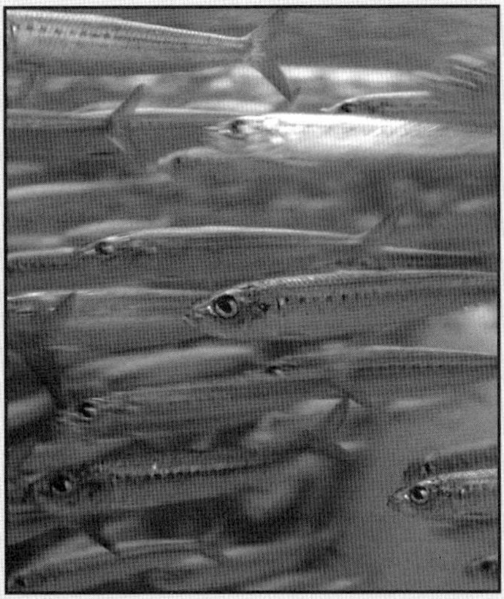

▲為了防身，沙丁魚總是以大群體的方式移動。
攝影／瀧田義博

另一方面，從狩獵者的觀點來看，雖然分到的食物量變少，但是有同伴在的時候，會比自己單獨去攻擊時更容易捕獲獵物，也具有能夠打倒比自己大的對手的優勢。另一個優點是跟群體在一起的話，容易找到結婚對象。所以也有像蛙類等平時單獨活動、只有在繁殖季節時才會形成群體並尋找結婚對象的物種。

在群體中接受教育的孩子們

對包含人類在內的動物來說，成為群體的基本單位大都是家庭，非洲象、草原犬鼠，甚至是在海中生活的海豚等都是先以家庭為單位，再進而組成更大的群體。這類群體可以讓個體能夠一邊保護孩子們不受敵人攻擊，一邊育幼。非洲象和麝牛等在有危險逼近時，會把孩子們聚集在群體中央，成體包圍在牠們四周，再驅趕敵人。

此外，在群體中生活的孩子們也可以從親代、兄弟姐妹、同伴們的行為中學習到覓食方法等各種維生所必要的各種事物。

特別事欄

銘印行爲是什麼 ?

花嘴鴨等鳥類的雛鳥會把誕生後第一眼看到的對象當成自己的親鳥，然後就一直跟牠的在後面，這種行為稱為「銘印」。一般認為銘印是發生在出生後的幾小時，甚至是幾十分鐘內這樣非常短的時間。牠們就是因為有這樣的能力，才能夠總是跟在親鳥身邊活動，讓親鳥保護自己的安危。

若是雛鳥剛孵化時在眼前的對象是人類的話，會發生什麼事呢 ? 雛鳥會認為那個人是自己的親鳥，想要隨時都跟著那個人在一起。

▲ 在公園水池中常見的花嘴鴨親子。雛鳥總是跟親鳥一起活動。 插圖／水谷高英

吸盤金幣

動植物放大鏡Q&A

Q 印魚會用頭上具黏性的長橢圓形物體黏附在大魚身上，這是真的嗎？

我已經快受不了了。
可是又很麻煩。
雖然很麻煩，可是快忍不住了。
哎呀，該怎麼辦才好？煩死人了。
什麼事讓你那麼煩惱？
有沒有不用走路就能到任何地方去的道具。
也不是沒有啊。
「吸盤金幣」。

你知道有一種魚叫長印魚嗎？在牠的頭上有個像小吸盤的東西，

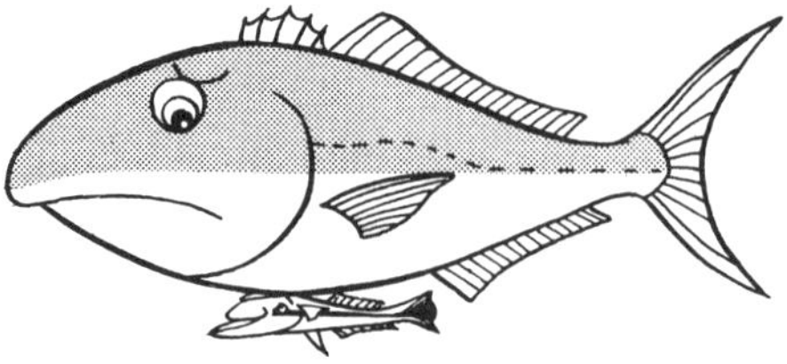

牠會依附在大魚的肚子上，跟著大魚四處走。

↑
長印魚(Echeneidae)
又稱鮣魚。

A 假的。印魚頭上那個像長橢圓形的物體是吸盤，並不具有黏性，牠們會用它來吸附在大型魚類的身上。

這個金幣和那個有相同的功能，
只要把它貼在背上，就能依附在任何路過的人身上，
讓他帶著你到任何想去的地方。
那我貼貼看。
這樣子就能依附上去了嗎？
喂，不要……
依附在我身上！
我都說不要了。
ピタ
用這種東西會變成懶人的！
只有今天喔！
因為今天學校有馬拉松跑步，所以累死了。
我剛剛一直想上廁所。
真不像話。
真是太感激了。
只要有這個就輕鬆了。

※緊緊貼上
真想依附在誰身上，
出去走走。
ピタ
這樣真是輕鬆無比。
哎呀，不是那邊啦。我想去這邊啊。
是誰？
真沒辦法。
就在這裡等別人經過好了。
來了。
※緊緊黏上
ピタ
？

總覺得背部有點癢。
是我的錯覺吧。
啊，居然在那裡。
把金幣還我。
色狼！居然摸人家的屁股！
再不停止的話，一定不會有好事的。
是我。
是我啦。
我們在討論誰跑得比較快。
那當然是我啊。
那我們就來比比看，到街上跑一圈後再回來。

動植物放大鏡Q&A

Q 像印魚那樣，不同種的生物一起生活的型式稱為什麼？

①共存 ②協力 ③共生

A ③共生。由於是共同生活，所以稱為共生。不過在共生中還分成互利共生、片利共生、寄生等不同型式。請參照第39頁。

黏在大魚身上過日子──印魚的祕密

這個金幣和那個有相同的功能，
只要把它貼在背上，就能依附在任何路過的人身上。

印魚的日文名雖然寫成小判鯊，但牠其實是鯖魚或劍旗魚的同類

連廁所都懶得去的大雄，為了能不用走路就可以去上廁所，拿出了祕密道具「吸盤金幣（日文名為『給我小判』）」，這個道具其實就是模仿「印魚（小判鯊）」而設計的。雖然在牠的名字裡有個「鯊」字，但是牠和鯊魚並不是同類，而是鯖魚、劍旗魚及鱸魚的同類。

牠的日文名裡之所以有「小判」兩個字，是因為牠們頭上的吸盤形狀和日本古時候的長橢圓形金幣「小判」的形狀很像。印魚在長大到體長四十公分左右為止，都會用這個吸盤吸附在大型的鯊魚、魟魚、海龜等身上，然後吃牠們吃剩的食物殘渣、寄生蟲，或是糞便等過日子。

好礙事啊！

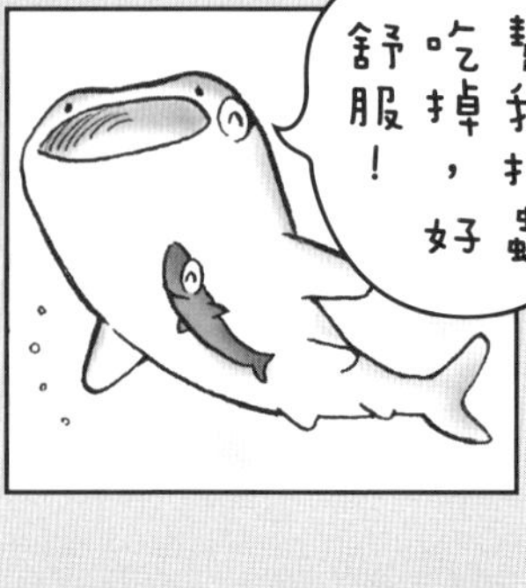
幫我把蟲吃掉，好舒服！

被印魚吸附在身上，是給魚和海龜添麻煩嗎？

印魚只要能吸附在大型魚類身上，即使不去覓食也可以吃到食物殘渣，不必自己游泳，看起來好像非常輕鬆。可是假如從被印魚吸附的大型魚類的角度來看，又是如何呢？牠們是不介意有小型印魚附著在身上？還是由於牠們會幫忙吃寄生蟲，所以非常歡迎印魚呢？

像印魚和被牠吸附的大型魚類那樣，和別種生物互有關連、共同生活在一起，稱為「共生」。這種共生關係又會依照是對雙方都有利、只有其中一方得利、還是對其中一方有利但對另一方有害，而有不同的稱呼。

互相有幫助？有害？共生與寄生的型態介紹

互利共生 不同種生物共同生活，對雙方都有益處的共生關係。當同種生物一起生活，對大家都有好處時，稱為合作或共同生活。不過從共生獲得的利益很難檢測，即使同樣是共生，也會因立場的不同而被視為是互利共生，或是接下來要說明的片利共生。

片利共生 共生的形式之一，雖然共同生活對其中一方有益，但對另一方卻沒有益處也沒有害處的關係。像印魚與大型魚類等的關係，通常被視為片利共生。片利共生有各種不同的型式，大樹和住在樹洞裡的動物也算是一種片利共生。

寄生 寄生和共生不同，是指只對共同生活的其中一方有利，但對另一方卻有害的關係。在寄生之中，受害的那方稱為「宿主」，獲利的那方則是「寄生」。

到底是互利共生、片利共生，還是寄生，會依立場的不同而有不同的認定，也有人認為印魚和大型魚類之間的關係是寄生。

特別專欄

野生動物間互助合作 共同生活稱爲「混生」

有時候不同種的野生動物也會在自然狀態下形成一個群體，共同生活。雖然這不是共生，但是具有只要動物群越大，就越不容易被肉食性動物攻擊的優點。這種生活型態稱為「混生」。狒狒和長頸鹿、狒狒和羚羊類等常以這種型式生活。

▶在形成新群時，原本混生的動物們會一起離開原本的群，延續牠們的混生關係。

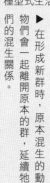

生物中最擅長共生的螞蟻，蟻窩中有許多其他的昆蟲！

用保護對方來換取甜美蜜露——螞蟻與蚜蟲

只要提到共生，馬上會聯想到的一定是螞蟻與蚜蟲的關係，大家也一定都聽過吧！

螞蟻很喜歡甜食。蚜蟲會從屁股釋出甜甜的蜜露給螞蟻，換取螞蟻對自己的保護。所以當瓢蟲等蚜蟲的天敵靠過來想要吃蚜蟲時，螞蟻就會拚了命攻擊瓢蟲，將牠擊退。

◀蚜蟲會供給螞蟻甜美的蜜露食用。

◀螞蟻會保護蚜蟲不受敵人攻擊。

螞蟻不只是保護蚜蟲而已，有時也會像人類飼養牛和馬那樣，在巢裡飼養蚜蟲，這樣牠們就能夠長期獲得蚜蟲的蜜露。

螞蟻與蚜蟲的關係，稱得上是典型的互利共生。

以甜美蜜露來引誘對方飼養自己——螞蟻與小灰蝶

和螞蟻共生的並不只有蚜蟲而已。在螞蟻的巢中，其實有各式各樣的昆蟲共同居住著。小灰蝶的幼蟲就是其中之一。

小灰蝶的幼蟲會從背部釋出甜甜的蜜露，這種蜜露會讓螞蟻上癮，並且為了要獲得蜜露而把小灰蝶的幼蟲帶回巢裡，然後小灰蝶的幼蟲就會接受螞蟻餵養長大。

▲ 成為新蟻后的邵氏臀山蟻為了結婚而飛離巢時，會叼著一隻甘蔗胸粉介殼蟲帶走。由於甘蔗胸粉介殼蟲即使只有一隻也能繁衍後代，於是這兩隻昆蟲就同心協力構築新的蟻巢與社會。

前往新生活的旅程也在一起——螞蟻與介殼蟲

邵氏臀山蟻與甘蔗胸粉介殼蟲的關係也是十分緊密的。邵氏臀山蟻的主食是甘蔗胸粉介殼蟲從屁股分泌的蜜露，所以在邵氏臀山蟻的巢中，一定會有介殼蟲一起生活。對甘蔗胸粉介殼蟲而言也是一樣，假如沒有受到邵氏臀山蟻的照顧牠們就會活不下去。牠們彼此只要缺少一方就無法存活，這兩者間有著非常深厚的互利共生關係。

特別專欄

在蟻窩中吃幼蟲和食物！連螞蟻的敵人都住在蟻窩中

在螞蟻的巢中也有對螞蟻有害的動物住在裡面，例如蟻蛛。雖然牠們不是昆蟲而是蜘蛛類，但是行走的姿態卻和螞蟻酷似。但是如果不小心的話，牠們就會把螞蟻吃掉。另外還有蟻蟋，牠們會把螞蟻的氣味沾在身上，然後進入螞蟻的巢中。誤以為蟻蟋是自己同伴的螞蟻，有時也會把食物分給牠們。

▲ 蟻蟋會用氣味欺騙螞蟻。

▲ 蟻蛛跟螞蟻酷似。

昆蟲和植物、植物和菌類，超越物種的共生！

太有趣了，停不下來啊。

可以形成種子？可以孵化幼蟲？——無花果與無花果蜂

無花果樹分成了雌株和雄株，它的花會開在果實裡面，而幫牠們搬運花粉的是無花果蜂。無花果和無花果蜂的關係因種而異，以下我們舉其中一例來看。

無花果蜂的雌蟲誕生在雄花果實之中，然後沾著花粉飛出來，等到要產卵時牠會鑽進無花果的果實內，如果鑽進了雌花果實，會因為雌花礙事而無法產卵；但是相對的，無花果會因為受粉完成而形成種子。當無花果蜂鑽進雄花果實中時，無花果蜂就能產卵，可是無花果卻無法受粉。無花果蜂和無花果，哪一邊可以留下後代，機率大概是一半一半。無花果與無花果蜂，兩者都為了要能夠存活而演化，是屬於「共同演化」關係。

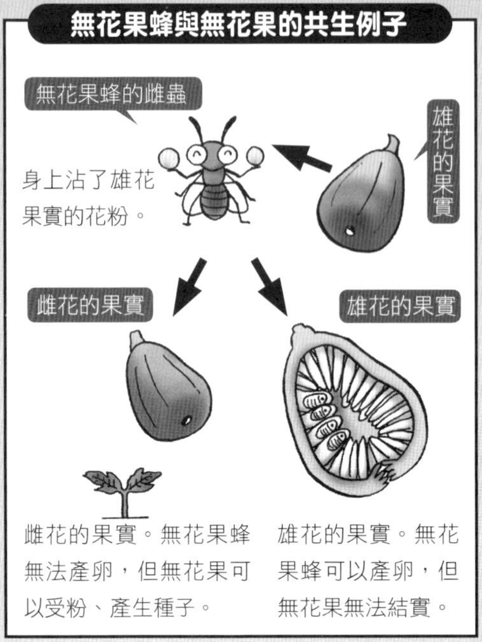
無花果蜂與無花果的共生例子
無花果蜂的雌蟲
雄花的果實
身上沾了雄花果實的花粉。
雌花的果實
雄花的果實
雌花的果實。無花果蜂無法產卵，但無花果可以受粉、產生種子。
雄花的果實。無花果蜂可以產卵，但無花果無法結實。

互相交換所需營養——植物與根瘤菌

在大豆等豆科植物根部，有時會長著一些小小圓圓的瘤，稱為根瘤，在這裡面住著許多稱為根瘤菌的細菌。

根瘤菌會吸收植物行光合作用後製造出來的營養，可是有這種根瘤菌附著的豆科植物，卻擁有其他植物所沒有

植物與根瘤菌共生的例子

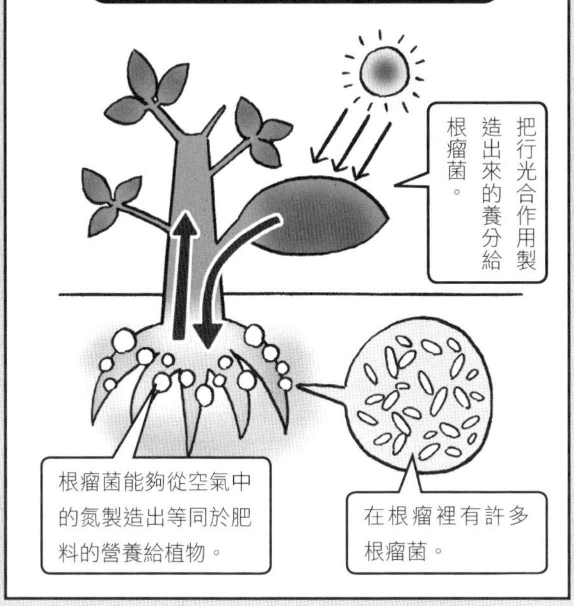
把行光合作用製造出來的養分給根瘤菌。
根瘤菌能夠從空氣中的氮製造出等同於肥料的營養給植物。
在根瘤裡有許多根瘤菌。

的強項。在植物生長的時候，最需要的三種肥料是氮、磷、鉀，可是有根瘤菌附著的豆科植物，即使不施氮肥也能夠長得很好。這是因為根瘤菌能夠固定空氣中的氮，把氮送給植物，所以就不需要再施氮肥了。

互相製造對方無法自行生產的營養並送給對方；植物和細菌居然會有共生關係，真的很驚人呢！

人類體內也有很多的細菌，數量超過一百兆個

和細菌共生的不是只有植物，人類也一樣是跟細菌共生著。

例如在人類的腸子裡，據說有超過一百種、總數有一百兆個以上的細菌。這些細菌雖然算是從旁奪取人類吃下去的食物來增生，卻也會幫忙分解很難消化的食物，或是防止病原菌從外部入侵。所以越來越多人認為人類應該積極的與細菌共生。

特別專欄

也有在嘟嘟鳥絕滅後就瀕臨絕種的植物？

原本棲息於馬斯克林群島的嘟嘟鳥，大約在三百年前滅絕了。到了現在，原本是在被嘟嘟鳥吃下去後才能夠發芽的大櫨欖樹也瀕臨了絕種危機。所以共生關係如果消失的話，也有可能會造成物種的滅絕呢！

然後是嘟嘟鳥。

無敵昆蟲丹

哆啦A夢~
ヨロヨロ
※搖搖晃晃
等等!!
什麼也別說!!
你又被胖虎欺負了對不對?
對。
因為你想報仇，所以要我拿出變強的道具吧。
你真了解我耶。
真是的，每天不斷上演相同的戲碼…
你不煩嗎…?

動植物放大鏡Q&A

Q 昆蟲的成蟲身體分成頭、胸、腹三個部分，在身體的內部具有骨骼。這是真的嗎？

「昆蟲丹」。
吃下去會擁有超人的力量嗎？
不會，是會得到蟲的力量。
不要開我玩笑。
誰要變成蟲啊！
真浪費！
不可以瞧不起蟲喔。
你知道穆罕默德阿里嗎？
前世界重量級拳王啊。
人稱世界最強的男人……
那大家都怎麼形容阿里的作戰英姿？
輕飄似蝴蝶，猛刺如蜜蜂。
只要吃下「昆蟲丹」，就能獲得蝴蝶的飛行能力、蜂刺的能力、
螞蟻的怪力、以及獨角仙堅硬的身體。
真的嗎？

A 假的。雖然昆蟲的身體分成頭、胸、腹三個部分，但是骨骼卻位於身體表面，不像人類那樣是位於身體的內部。

カパ
這樣就能變成穆罕默德阿里了嗎？
我去教訓胖虎。
啊，等等。
大雄鬼吼鬼叫的跑過來了。
他被打得還不過癮嗎？
哼!!
我已經脫胎換骨了!!
我變成阿里了，我是阿里。
他說他是阿里。
那我就踩死你這隻…
臭螞蟻。
都是你話沒聽完就跑了出去。
要經過一段時間，才能產生效力啦。

※螞蟻和阿里的日文發音相同。

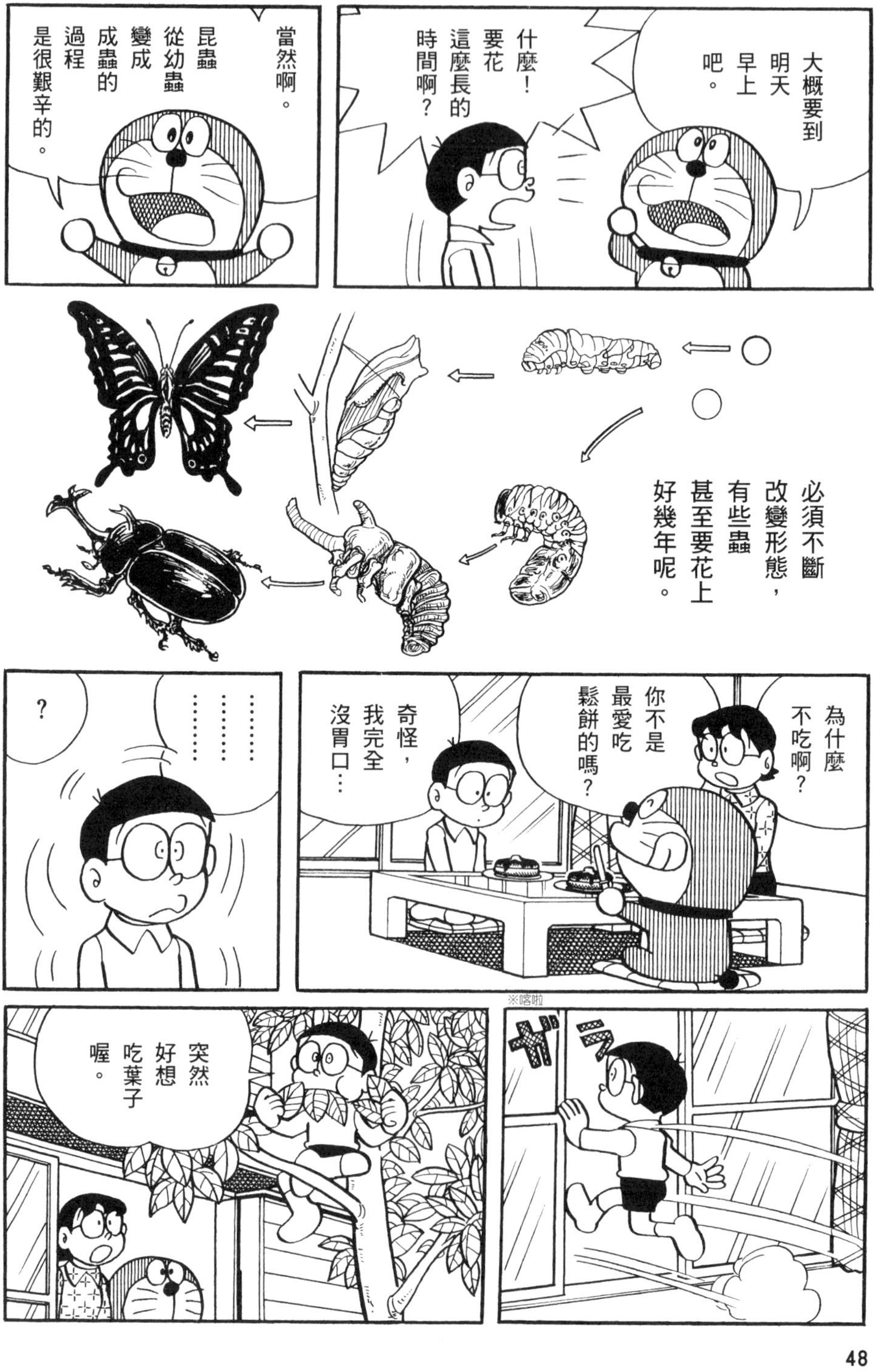
大概要到明天早上吧。
什麼！要花這麼長的時間啊？
當然啊。昆蟲從幼蟲變成成蟲的過程是很艱辛的。
必須不斷改變形態，有些蟲甚至要花上好幾年呢。
為什麼不吃啊？
你不是最愛吃鬆餅的嗎？
奇怪，我完全沒胃口……
……
……
……
？
ガラ
※喀啦
突然好想吃葉子喔。

動植物放大鏡Q&A

Q 昆蟲的觸角和顎部是從很久很久以前的腳變化而來的。這是真的嗎？

A 真的。昆蟲祖先的身體上有非常多體節，每個體節上面都有腳。頭部的腳產生變化，變成了觸角和顎部。

哇～順利結成繭了。
有動靜……
應該快出來了吧。
メリ
メリ
バリッ
スポーン
成功了!!
看起來好像沒什麼不同……
不不。
你已經擁有昆蟲的力量了。

動植物放大鏡Q&A

Q 請問下列哪一個是昆蟲？

①蠍子 ②田鱉 ③鼠婦

A

②田鱉。田鱉是棲息在水中的水生昆蟲。蠍子和蜘蛛是同類。鼠婦的日文名是「丸子蟲」，雖然有個蟲字卻和蝦、蟹是親戚。

カツーン
※匡噹
跟獨角仙一樣堅硬吧!
唔…
你找死啊!!
輕飄似蝴蝶…
※噗嚕
猛刺如蜜蜂!!
ボガ
※喀碰咚
ブルン
ブルン
螞蟻的怪力。
ダーン
「昆蟲丹」真是太棒了。

消息怎麼傳得這麼快啊。
我天不怕地不怕。
※抖抖
咦？原來會怕捕蟲網啊？
※咻咻
原來也怕殺蟲劑啊？果然沒有十全十美的事。

昆蟲是生物界中的強者冠軍！

只要吃下「昆
就能獲得
蝴蝶的飛行能力、
蜂刺的能力、

三億年前，昆蟲在地球上首次飛行於空中！

因為獲得昆蟲的力量，大雄贏了胖虎。可是昆蟲真的有那麼強嗎？

總結來說，牠們真的很強。單獨一隻昆蟲或許並沒有那麼強，但是以物種來看，昆蟲可以說是現今地球上最繁榮、最強盛的生物。

先從昆蟲的歷史來看。昆蟲具有比人類還要悠久的長遠歷史。昆蟲出現在這個地球上，是遠在人類誕生之前的泥盆紀，大約四億年前。上方的插圖畫的是巨脈蜻蜓，牠的展翼長（展開翅膀時的長度）約六十公分，是史上最大的昆蟲，也是在三億年前首次在地球上飛行的生物。會摩擦翅膀，首次在地球上「鳴叫」的也是昆蟲。

在各種環境中都能生存！在地球上有一百萬種昆蟲！

現在已知的昆蟲大約有九十五萬種，而且那只是現在已知的物種而已，每年都還有許多的新物種被發現。昆蟲種類占了地球上全體生物物種的百分之六十左右。

為什麼昆蟲可以有這麼多種類呢？其中一個原因是牠們可以飛翔。昆蟲原本誕生於氣溫高又很潮溼的熱帶雨林中，一般認為現在地球上的昆蟲，也有一半以上的種類是住在熱帶雨林中。

昆蟲由於能夠飛行，所以能夠移動到遠方，到達沒有其他生物沒有競爭對手的新環境。然後隨著在新環境中的生活而演化，因此昆蟲的種類就逐漸增加到這麼多了。

小小的身體與快速的成長是變強的祕密？

身體很小、成長快速也是昆蟲繁盛的原因。因為身體很小，即使只有一棵樹，也能夠讓吃樹葉的昆蟲、吸食樹液的昆蟲、吸食花蜜的昆蟲等多數昆蟲活下去；再

▲夜間吸食樹液的蛾，成為白天吸食花蜜的蝶。

加上成長快速，就能夠反覆進行世代交替，也容易配合新環境而演化。實際上，誕生於熱帶雨林中的昆蟲，即使是在極為乾燥的沙漠、只有短暫夏天的寒帶，甚至在水裡面都能夠生存。

左邊就以現在我們周遭常見的昆蟲、已經了解演化歷史的物種來做介紹。

乍看之下非常鮮豔的蝴蝶，是從在夜間飛行的蛾類演化而來。蝴蝶變得可以在白天活動，飛行能力也變高了。此外在校園或公園等地方經常可見的螞蟻，原本是從蜂類演化而來。蜂類為了要能夠在地面（地下）生活，演化成沒有翅膀的蟻類這件事也非常有趣呢！

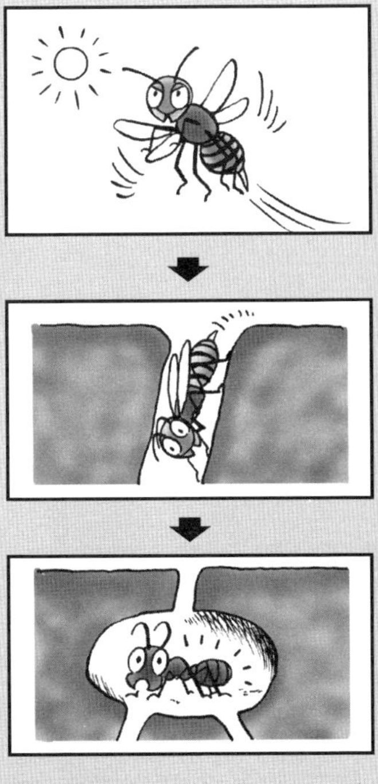

▲蜂類先是演變成在地下生活的地蜂，再成為沒有翅膀和針的蟻類。

昆蟲界最強物種決定戰，必殺密技就是這個！

昆蟲的種類很多，各類昆蟲也有各式各樣的特徵

昆蟲的種類非常多，再配合因應各種不同環境演化的結果，就變成具有完全不同能力的樣子。

在這裡從昆蟲中舉出七個代表性的類別，分別介紹牠們的特徵。但是昆蟲並不是只有這七類而已，即使是同類中也有各具不同特徵的物種。想要知道得更詳細的讀者，可以去找圖鑑等資料來查一查。

超強防衛——甲蟲類

在種類眾多的昆蟲中，物種特別多的就是甲蟲類。除了很受到喜愛的獨角仙和鍬形蟲之外，天牛、螢火蟲和瓢蟲也都是甲蟲類。種類有三十五萬種以上。「甲」代表盔甲，如同名稱一般是以堅硬的外骨骼包覆身體，是防衛第一名的昆蟲。

翅膀最漂亮——蝶類

雖然蝶和蛾都屬於這類，但是蛾的種類卻更多，據說比蝶類多二十至三十倍呢！

翅膀上有「鱗粉」是牠們的特徵，鱗粉的顏色決定了其翅膀上的花紋。口器是細長的吸管，除了花蜜之外，也有些種類會從死掉的蟲或是動物的排泄物中吸食汁液。

最爲演進的昆蟲——蠅類

雖然只要提到蠅類，就會想到在垃圾等穢物上飛舞的討厭昆蟲，但牠們其實是昆蟲中演化程度最大的一類。蚊和虻也屬於這類，在陸地上要找沒有蠅類的地方其實非常困難。

其他的昆蟲有四片翅膀，而蠅類乍看之下只有兩片，另外兩片真的非常小，只是要用來在飛行的時候維持平衡而已。

以家族構築社會——蜂類

蜂類除了蜂之外，其實還包含了蟻類。雖然只要想到蜂就會想到具有毒的針，但是這個針卻是從雌蜂的產卵管變化而來的。

蜂類中有許多種類是由家族建構出社會共同生活。會產卵的只有蜂后（蟻后）而已，其他雌性會成為工蜂（工蟻）收集食物、照顧幼蟲、維護社會，可說是以建構社會為最強特徵的昆蟲。

多元棲息場所與型態——椿象類

噗——一下發出臭味的椿象，牠的同類有水中的田鱉、水面上的水黽、蟬和蚜蟲。牠們雖然都是椿象的同類，但生活的場所、食物及形狀都不一樣，也不太具有共通的性質，只有口器都為細長的針狀。這種長形的口器不會像蝶類那樣捲成一圈，而是從頭部往腹部方向收起，也有會捲進體內的物種。

後腳又粗又強壯——蚱蜢類

除了蚱蜢之外，螽蟴、蟋蟀及螻蛄等，很多在秋天會鳴叫的昆蟲都屬於這個類群。牠們之中有很多後腳又長又強的物種，在被敵人襲擊時，最擅長跳躍逃走。此外牠們的顎部很大，會張開嘴巴大口咬下的吃東西。

雄性螽蟴的翅膀上有像銼刀的部位，牠們靠摩擦這個部位鳴叫。劍角蝗等則是靠磨擦前後翅發出聲音。

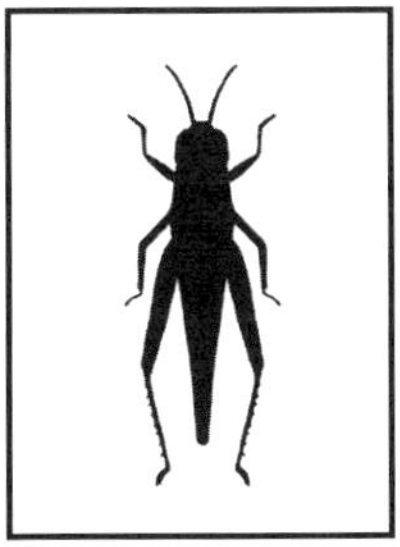

自由自在的在空中飛行——蜻蜓類

蜻蜓類的特徵是有大大的複眼，以及在左右伸展不會疊合起來的四片翅膀。一般認為牠們的翅膀之所以不會收起來，是為了和原始的昆蟲一樣擅長飛行、速度快、也能夠在空中靜止不動。相反的，腳大概只是用來捕捉食物，即使是很近的距離也不是用走的，而是用飛的。肉食性，會邊飛行邊捕捉其他昆蟲來吃。

成蟲和幼蟲長得不一樣——變態的祕密

身體全部改變重做——甲蟲與蝶類

在漫畫中不停吃葉子的大雄在結繭之後，變成具有昆蟲強大能力的身體。雖然大雄的外型沒有改變，但是有很多昆蟲在從幼蟲變成成蟲的短暫期間，都會讓身體產生很大的改變，這過程稱為「變態」。

變態大致上可以分成兩種方法。一種是像蝶類或是甲蟲類的「完全變態」。

紋白蝶的生活史

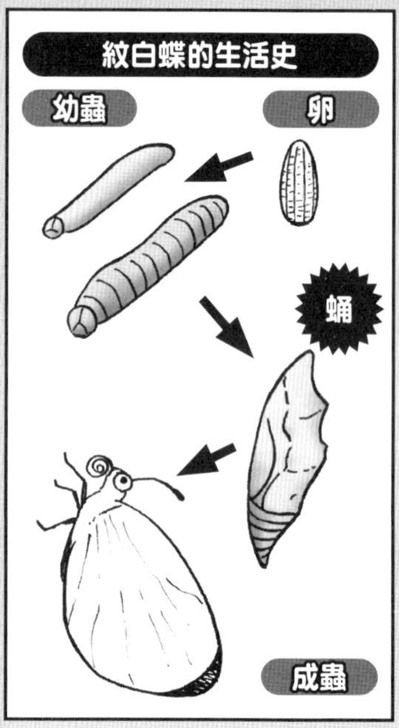

會完全變態的昆蟲是從卵孵化的幼蟲，在一定期間後會結蛹或繭，變得好像完全靜止不動。之後雖然會變為成蟲，但是由於在蛹或繭的期間身體結構會完全改變，所以幼蟲的形狀也以和成蟲截然不同的為多。會結繭或蛹然後變態的生物，只有昆蟲而已。

蛻皮變大——蚱蜢和蟬的同類

另一種變態稱為「不完全變態」。像是蚱蜢、蟬和蜻蜓都是屬於不完全變態。不完全變態的昆蟲，幼蟲和成蟲的外形非常相似。例如蚱蜢等昆蟲，幼蟲和成蟲的差異除了大小之外，只差是否具有翅膀而已。因為如此，有時候也會把不完全變態昆蟲的幼蟲稱為「若蟲」。蜻蜓也大致算是不完全變態的昆蟲，雖然其成蟲和水蠆的形狀相當不同，但是牠們都具有大型複眼等特徵，身體的基本結構並沒有太大的不同。

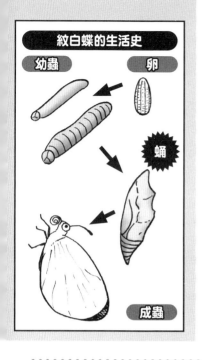

特別專欄

也有不變態的昆蟲，或二度變態的昆蟲！

並不是所有的昆蟲都會變態，例如衣魚類等昆蟲就是不變態的。

不過相反的，也有昆蟲會變態兩次以上呢！行完全變態的芫菁，剛誕生時幼蟲的腳很長，若是幼蟲期依附在蜂類的巢中，就會變成毛蟲型。然後在變為成蟲的那次蛹期之前，牠在幼蟲期間還會再結蛹一次。在幼蟲期間會改變型態好幾次的，就稱為「過變態」。

不完全變態的蜉蝣會在水中羽化後飛起，可是牠們雖然在飛，卻還不是成蟲。這時稱為亞成蟲，不能產卵。要在陸地再蛻皮一次才會變成能夠產卵的成蟲。

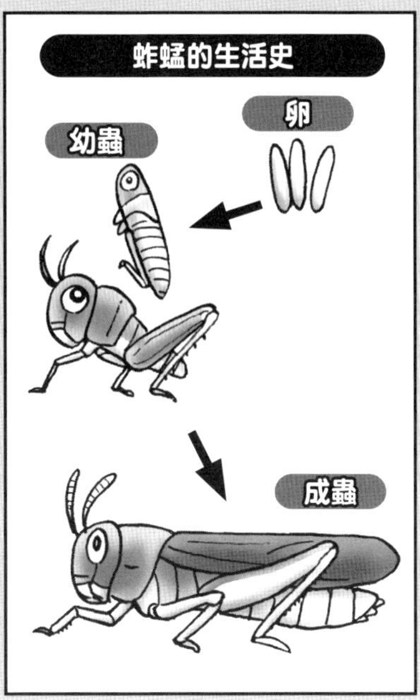

要長得很大？要生孩子？配合目的的變身！

昆蟲為什麼要變態，其理由至今仍不清楚。不過變態讓幼蟲時期和成蟲時期能很清楚的分開，就能夠以適合那個時期的身體來生活。

例如蝶類是把卵產在幼蟲會吃的植物上面，幼蟲的目的是要長得很大。從卵孵化的幼蟲雖然沒辦法到遠處去，但是由於周圍就有食物，所以不需擔心。相反的變成成蟲，是為了要產卵，以翅膀到處飛行、尋找對象。幼蟲會依照幼蟲的生長、成蟲配合成蟲的目的而長成各自所需的身體。

◀大吃特吃的長大然後變態，踏上尋覓對象產卵的旅程。

動植物放大鏡Q&A

Q 變色龍不只會配合周圍環境改變身體顏色，也會依身體狀況改變顏色。這是真的嗎？

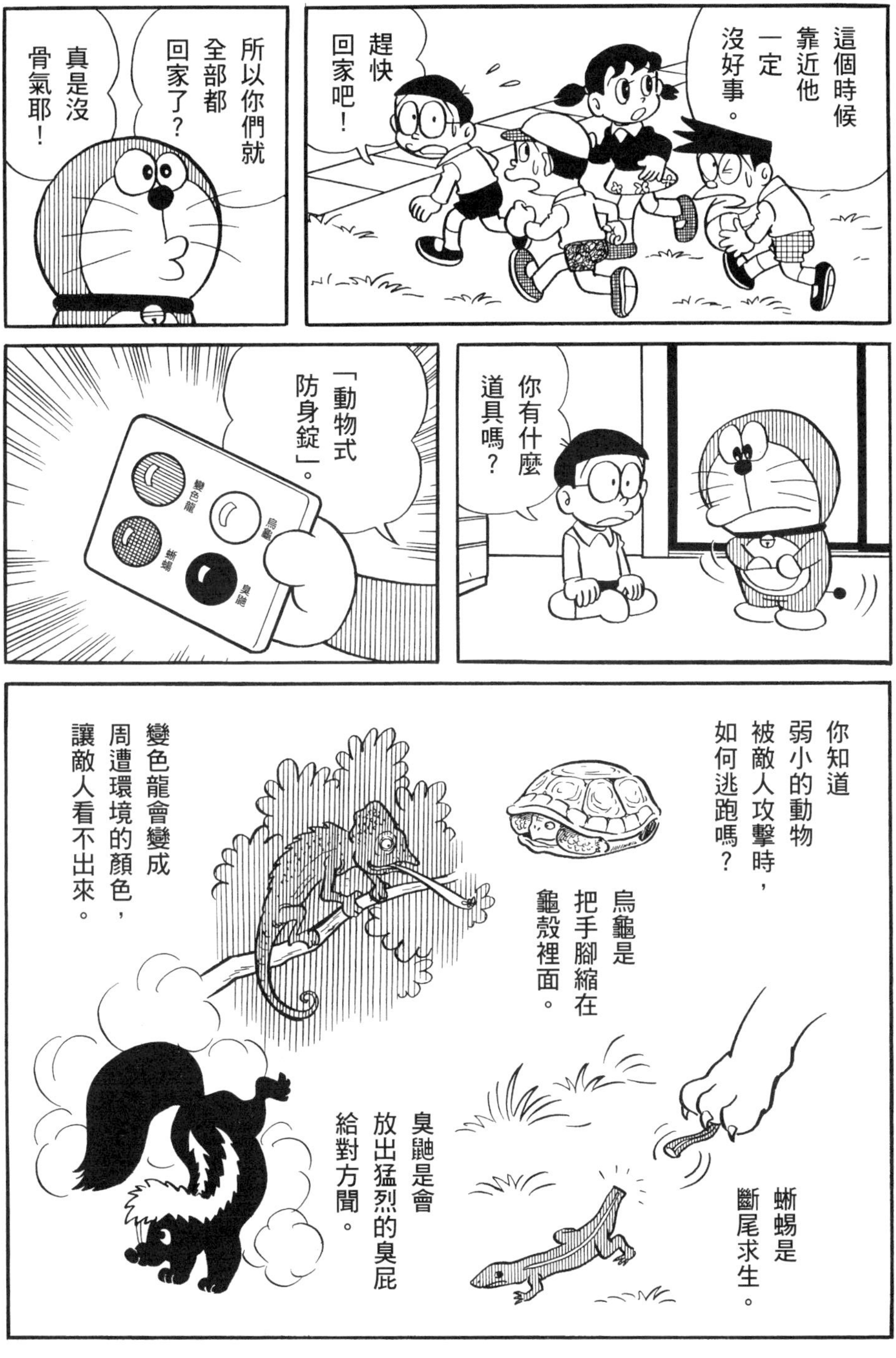
這個時候靠近他一定沒好事。
趕快回家吧！
所以你們就全部都回家了？
真是沒骨氣耶！
你有什麼道具嗎？
「動物式防身錠」。
烏龜
臭鼬
變色龍
蜥蜴
你知道弱小的動物被敵人攻擊時，如何逃跑嗎？
烏龜是把手腳縮在龜殼裡面。
蜥蜴是斷尾求生。
臭鼬是會放出猛烈的臭屁給對方聞。
變色龍會變成周遭環境的顏色，讓敵人看不出來。

A 真的。變色龍不只是會依亮度或溫度，也會依身體的狀況改變顏色。狀況好的話，就會變成明亮的顏色。

只要吃了這個藥錠，就可以擁有跟那些動物一樣的能力。
而且遇到危險時，就會自動產生效果。
真的嗎？真有意思耶！
※吞下
ぱく
你竟然全部吃掉!?太狡猾了！
咦？
這是變色龍錠的效用吧。
接下來還有烏龜、蜥蜴和臭鼬的效用。
我才不怕胖虎呢！

動植物放大鏡Q&A

Q 被堅硬甲殼包覆住的烏龜，是把頭腳從殼裡伸出來呼吸。這是真的嗎？

A 真的。由於牠們無法鼓起胸部呼吸，所以是把頭和腳縮進殼裡時呼氣，把頭伸出去的時候吸氣。

動植物放大鏡Q&A

Q 拿年幼的蜥蜴和成年蜥蜴比較時，容易自己切斷尾巴的是成年蜥蜴。這是真的嗎？

A 假的。自己把尾巴切斷的這個行為稱為「自割」。年紀越小越容易自割，把營養儲存在尾巴的成體很少自割。

呀啊！
蜥蜴錠生效了。
光著身體看你往哪跑!!
快點出來吧！
好像有奇怪的味道耶……
也不要在水泥管裡面放屁嘛……嗯！
是臭鼬的能力！

保護自己不受敵人攻擊的方法有這麼多！

以盔甲保護身體！龜型防禦法

動物為了保護自己，具備了各式各樣的能力。在提到會保護自己的動物時，最先想到的應該是會把身體縮在像盔甲般堅硬的殼裡的烏龜吧！在這裡就來介紹幾種會像烏龜那樣以「盔甲」保護自己的動物們。

首先是烏龜。烏龜的殼是雙層的。最外層的表面是由皮膚變硬而成，就像人類的指甲那樣。在殼的內側有稱為甲板的骨骼。這兩層像是套疊盒子般的讓龜殼能夠保護身體柔軟的部分。

把身體捲成球狀保護自己的犰狳，是讓身體表面的皮膚變硬，變成和爬蟲類的鱗片很像的結構。只不過能夠捲得完全像一顆球的，在犰狳之中也只有三帶犰狳和牠的同類而已。牠們明明是哺乳類，看起來卻像是具有鱗片的穿山甲，以重疊著的鱗片保護自己。

魚類則有箱魨類。整個身體被由鱗片變成的，很像骨板的構造包覆著。因為如此，牠們的身體形狀就不會改變，所以從正面看時，形狀是四角形的就是無斑箱魨，五角形的就是角箱魨，很容易分辨。

以盔甲保護自己的動物們

烏龜

有分成把頭往側面彎曲隱藏的，跟直直縮回藏起來的。

犰狳

把身體捲起，讓堅硬的背部朝外，保護柔軟的腹部。

穿山甲

堅硬的鱗片像是松毬般的重疊起來保護身體。

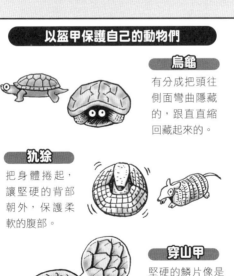

靠近我就刺你哦！刺蝟型防禦法

不是靠盔甲，而是在身體上長刺（針）以免自己被敵人吃掉的是刺蝟型防禦法。除了刺蝟以外，針鼴、馬島大猬等也是採用此種方法。

這些針是由毛變硬變化而成的。刺蝟在受到敵人攻擊時雖然會把身體捲起來保護自己，但是更具攻擊性的則是豪豬。豪豬的針又長又尖銳，而且刺到對手身上時就拔不出來。牠們在遇到其他動物的時候不是把身體捲起來自衛，而是把針豎起來恐嚇對方。

在魚類中則是以六斑二齒魨（刺河魨）最有名。刺河魨的針是由鱗片變化而來，牠們會把水和空氣吸進腹部讓腹部膨脹，這樣針就能豎立起來或貼在身上。雖然並不是全身都有針，不過環紋簑鮋的同類則是在鰭上附有毒刺，若是被刺到那就糟糕了。

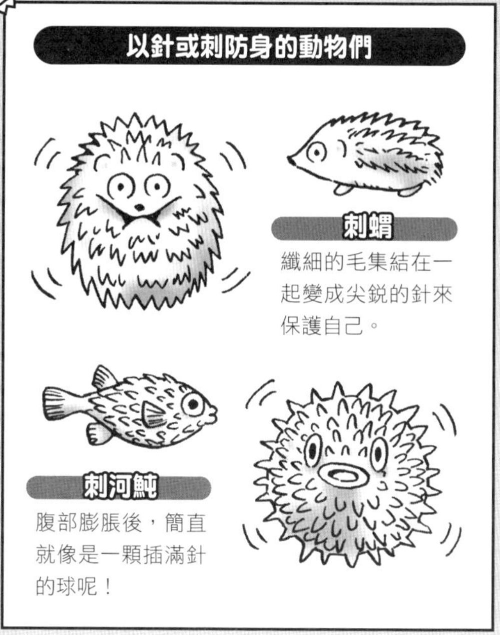
以針或刺防身的動物們
刺蝟
纖細的毛集結在一起變成尖銳的針來保護自己。
刺河魨
腹部膨脹後，簡直就像是一顆插滿針的球呢！

▼豪豬的針是像釣鉤般的有「倒鉤」，刺到敵人身上就不太容易拔起來。

嘿嘿！

驚嚇敵人爭取時間——動物界的忍者

比身體還會扭動！蜥蜴型斷尾忍術

據説若是抓住蜥蜴的尾巴，蜥蜴就會將尾巴切斷逃走。可是，即使抓住的是蜥蜴身體，牠們有時還是會把尾巴切斷。這是為什麼呢？

▲蜥蜴切斷的尾巴會不停的扭動，讓自己能夠在敵人的注意力被尾巴吸引時逃走。

假如有看過蜥蜴把尾巴切斷逃走的畫面，一定也會看到切下來的尾巴扭來扭去的動個不停。蜥蜴之所以要把尾巴切斷，並不是因為牠們的尾巴被抓住，而是想要在對方的注意力集中在扭動的尾巴時，趁機逃走。蜥蜴的尾巴能夠斷掉的地方是固定的，尾巴在切掉之後還能夠重新長出來。只不過斷過一次後再生的尾巴顏色會不大一樣。像這樣把自己身體的一部分切斷的行為稱為「自割」。

不只是蜥蜴，像章魚、螃蟹以及海星等動物有時候也會自割求生喔！

是煙幕還是分身？章魚・烏賊型吐墨汁忍術

運用障眼法的技巧逃離敵人的，是會吐墨汁逃生的章魚和烏賊。不過你知道嗎？雖然同樣是墨汁，章魚和烏賊的看起來也不一樣喔！

章魚的墨汁在水中會大幅度擴散，變得好像是放煙幕

▶章魚的墨汁會在水中擴散，遮蔽敵人的視線。

▶烏賊的墨汁會在水中聚集，看起來簡直像是分身一樣。

一樣，讓敵人看不到章魚的身體。

烏賊的墨汁則是會在水中聚集、飄盪，看起來就像是使了分身術，讓另一隻烏賊現身一樣。這讓牠能夠在敵人感到困惑，不知道該追哪一隻烏賊的狀況下逃走。即使同樣是墨汁，也有不同的使用方法呢！

因爲太臭而投降？臭鼬型放屁忍術

漫畫裡提到的動物逃脫方式中，有一招是臭鼬的臭氣，其實這並不大正確。因為臭鼬的氣味實在是過於強烈，充滿自信的臭鼬其實並不常逃走。

臭鼬的臭氣其實並不是像大家所說的「放屁」，而是把貯存在屁股左右兩邊小袋子中的液體，像瓦斯般的噴出來。這種氣味非常強烈，即使在距離一至兩公里外也還聞得到。若是被直接噴到衣服上，不管怎麼洗也洗不掉，那件衣服大概只能丟掉了。牠們在遇到敵人的時候會先把尾巴豎起來，以讓對方看到牠屁股的方式來恐嚇對方，不大會逃走。

由於牠們在有汽車接近時，也同樣會把尾巴豎起來進行威嚇，所以經常因為不逃走而被車子撞死。太過自信有時候也不太好呢！

▼把臭氣貯存在屁股左右兩邊的體內袋子裡。似乎可以貯存 5～6 次的分量呢！

幻影術達人大集合！你看得出牠在哪裡嗎？

找找看！隱藏著的生物

在這一頁中請先看照片，再回答問題。你能夠全部回答出來嗎？

在這裡介紹的照片，全都是會以模仿來欺瞞其他生物的昆蟲。模仿顏色、形狀或行動方式等來欺瞞其他動物眼睛的這種行為稱為「擬態」。

Q1：在玫瑰的刺中躲著什麼呢？

Q1中拍攝的有刺植物其實並不是玫瑰。那是背上有角的角蟬聚集在一起，模仿有刺的植物。仔細看照片時，會發現每一根刺其實都是背部有角的蟬。這樣一來，角蟬就能夠輕鬆的欺騙以牠們為食的動物。這方法好像還滿簡單的呢！

先偷偷躲起來，再襲擊！

Q2的照片中躲著的，是跟花型很酷似的蘭花螳螂。雖然已經知道了答案，但還是有可能會看不出牠們到底躲在哪裡喔！上一題的角蟬是為了要欺騙敵人的眼睛而做擬態，蘭花螳螂則是為了要讓牠想獵食的昆蟲放下戒心而做擬態。靜靜的等待想要吸食花蜜的昆蟲過來的時候，就會把牠們抓來吃。擬態可以分成為了防身的擬態，以及為了攻擊的擬態。

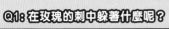

Q3：哪一隻是蜂？

Q2：在這朵花裡面躲著什麼呢？

不隱藏，以醒目來防身？

說到蜜蜂，就會想到黑色與黃色的條紋模樣。只要被蜜蜂螫過一次的動物，就不會忘記那種疼痛，當再看到黃色與黑色的條紋模樣時，就會想要逃跑。利用這種負面回憶的，就是Q3的擬態。只要呈現出和蜜蜂一樣的條紋模樣，周圍的動物就會因誤認而逃走。

只不過這種擬態對於沒有被蜜蜂螫過、沒有嘗過疼痛滋味的動物，或是不知道蜜蜂的條紋模樣是什麼樣子的動物可能就不管用。如果遇到這樣的狀況，自己可能會被吃掉，千萬要小心。

答案

Q1：聚集在一起排在樹枝上的角蟬，一個個看起來非常像玫瑰的刺。Q2：位於照片中央靠右上方的是蘭花螳螂。Q3：①是胡蜂；②是天牛類的虎天牛。

▼在背上有酷似刺的角。

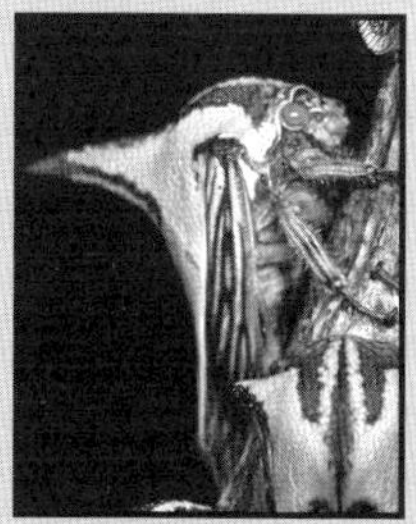

▼腳的形狀也跟花瓣一模一樣。

地盤劃分劑

呼啊！呼啊！
你回來啦。

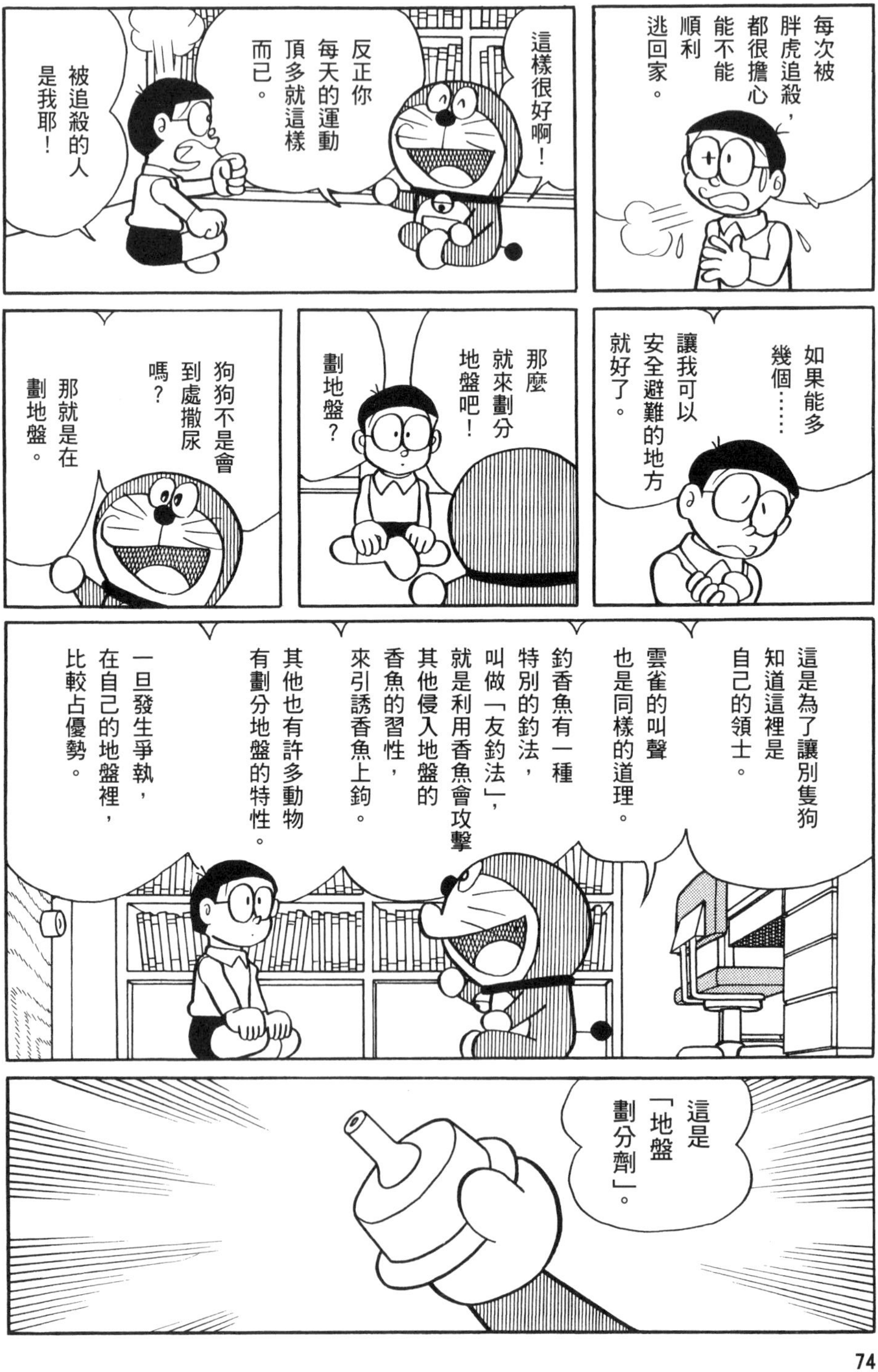
每次被胖虎追殺，都很擔心能不能順利逃回家。
這樣很好啊！
反正你每天的運動頂多就這樣而已。
被追殺的人是我耶！
如果能多幾個……
讓我可以安全避難的地方就好了。
那麼就來劃分地盤吧！
劃地盤？
狗狗不是會到處撒尿嗎？
那就是在劃地盤。
這是為了讓別隻狗知道這裡是自己的領土。
雲雀的叫聲也是同樣的道理。
鈎香魚有一種特別的鈎法，叫做「友鈎法」，就是利用香魚會攻擊其他侵入地盤的香魚的習性，來引誘香魚上鈎。
其他也有許多動物有劃分地盤的特性。
一旦發生爭執，在自己的地盤裡，比較占優勢。
這是「地盤劃分劑」。

動植物放大鏡Q&A

Q 狗會為了保衛自己的居住場所而建構領域，但自由過日子的貓並不會。這是真的嗎？

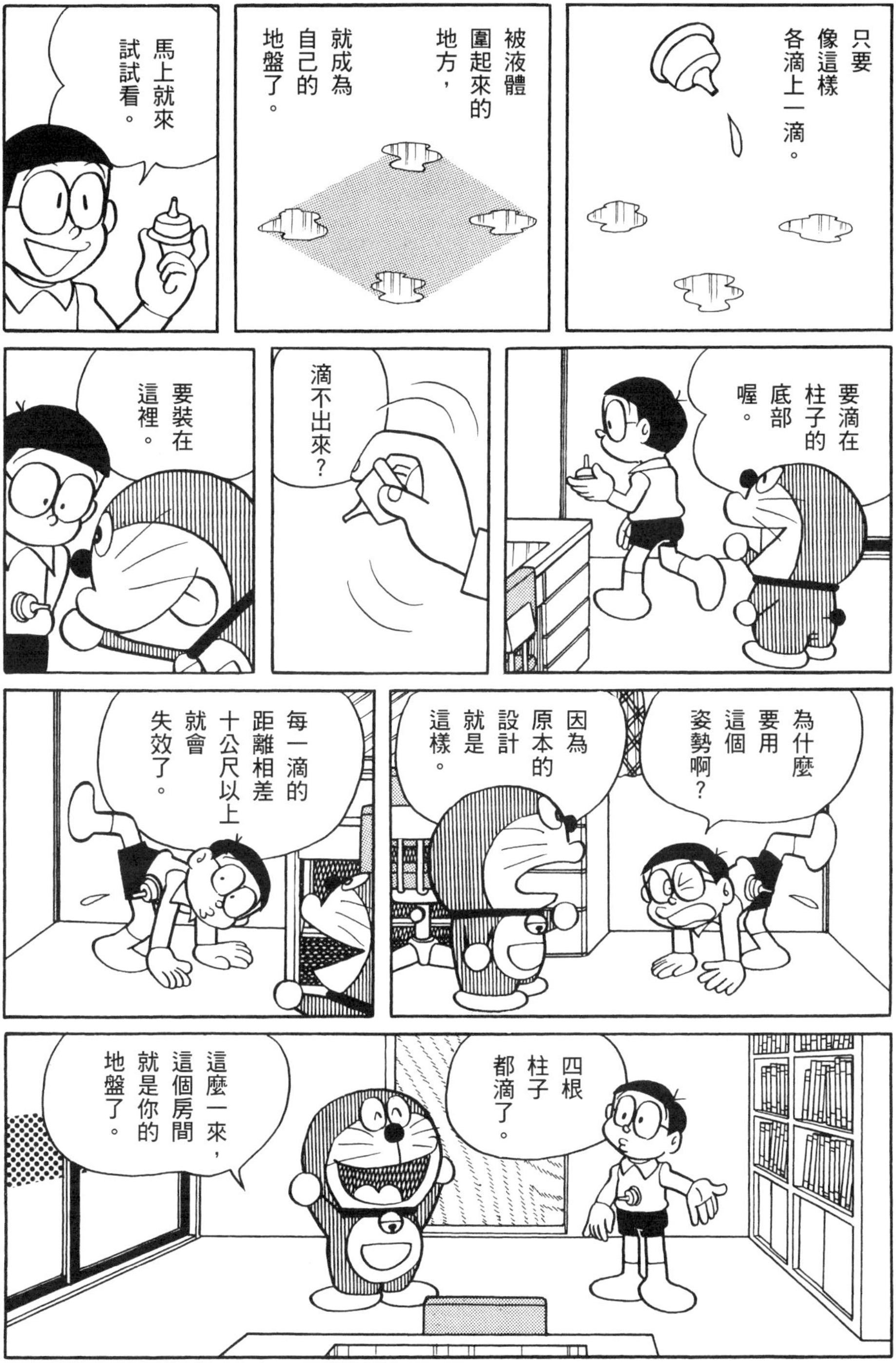

A 假的。兩者都會建構領域。在家裡飼養的狗和貓，也經常會展現出特有的領域行為。詳情請參考第80頁。

動植物放大鏡Q&A

Q 在貓建構領域的行為之中，以下何者為真？

① 會用頭去蹭岩石

② 會用後腳搔脖子

A

① 貓和牠們的同類有時候會用頭去蹭岩石或建築物，把自己的氣味沾上去，進行領域的標示。

……
……
……
怎麼了？
有事嗎？
喝！
打贏胖虎了！
真不敢相信。
對了！
我要在鎮上四處劃地盤。
距離要相隔十公尺喔！
很累人喔！
不怕！
※噗咻
鎮上全變成我的地盤的話……
※噗咻
我就天下無敵了。
※噗咻
嗚……
等著瞧！
等我劃好地盤……
※噗咻

動植物放大鏡Q&A

Q 當魚群的領域被其他魚侵犯時，魚群一定會用身體去撞侵犯者並且戰鬥。這是真的嗎？

A 假的。有時候魚在直接打架之前，牠們會把鰭展開讓身體看起來比較大，先嘗試嚇跑對方。

「這裡，是我的！」領域大研究！

魚類、鳥類、哺乳類有領域的動物種類非常多

在漫畫中，圈出領域的大雄，把進入自己領域的胖虎趕走了。雖然就算有領域，大雄還是大雄，胖虎也還是胖虎，應該沒辦法打贏胖虎才對……不過實際上，在自己領域裡面的時候，就能夠發揮比在領域外面時更強的力量。就曾有過寵物小狗把進到帳篷中的郊狼趕走的例子。領域不只是野生動物而已，寵物貓狗當然也有，鳥類、魚類、貝類也都有不少物種具有領域呢！

▲守衛領域的力量是越往領域的中心越大，越往領域的邊緣越弱。

▲一頭熊將進入自己領域的熊給趕走。

▲但在對方領域就反而會被趕回來。在自己領域裡的那一方會比較強。

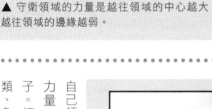

這個領域中的食物是我的守衛食物的領域

動物為什麼會建構自己的領域呢？當中一個主要原因在於守衛食物。

例如在森林裡，熊為了要生活，可能至少需要一百棵會結實的樹。為了要防衛自己要吃的果實、樹實，就表示要守衛這一百棵樹的範圍。由於沒辦法把樹集中到一個地方來防衛，所以就必須要把進入領域的敵人通通趕出去。

▲為了守衛自己生存所必要的食物，所以要把進入自己領域的敵人趕走。

養育孩子的家庭爲了繁殖的領域

建構領域的另一個重要原因在於要留下後代。生物的本能之一，就是要留下自己的後代。所以為了確保自己一定能夠達成這項任務，生物會需要建構領域，守衛結婚的對象。

由於這些原因，建構領域就成為必要的生活技能。領域有由生物個體個別建構的，也有以家庭或是群體來建構的。

▼為了要能夠留下後代就得守衛結婚對象，把進入自己領域的敵人趕出去。

「ㄏㄡ—ㄏㄡ—ㄎㄟ—ㄎㄧㄡ」那美妙的歌聲是領域宣言？

以鳴唱來守衛領域短翅樹鶯的雄鳥

話說回來，具有領域的動物們，都是做些什麼事來守衛領域呢？只有跟進入領域的對手戰鬥，把對手趕出去而已嗎？

守衛領域的方法，並不是直接戰鬥。例如在春天會以「ㄏㄡ—ㄏㄡ—ㄎㄟ—ㄎㄧㄡ」鳴唱的短翅樹鶯，其美妙的歌聲所傳達的其實是「這是我的領域，不可以過來」的意思。

野生動物沒醫院可以去，若是受傷就糟了。所以當有其他的短翅樹鶯在叫的時候，牠們就不會特地進到那裡去，反正去別的地方建構領域就好了。所以短翅樹鶯會發出「ㄏㄡ—ㄏㄡ—ㄎㄟ—ㄎㄧㄡ」的叫聲，宣告自己的領域。

爲了保衛領域而被釣起來的香魚

你知道「香魚友釣法（活魚餌釣法）」嗎？那是釣香魚的方法之一——先在釣竿上綁一條有加鉤的香魚，再放牠在河裡游的釣魚法。為什麼以這種方法就可以釣到香魚呢？其實是巧妙的利用了香魚的領域習性。

香魚會在河裡建構領域，吃長在領域裡岩石上的苔當食物。如果有其他香魚進入自己的領域，牠就會用身體去碰撞，想把牠趕出去。這時就會被綁在當成誘餌用的香魚身上的釣鉤勾住，於是就被釣起來了。

被當成誘餌的香魚是越活潑越好，使用有點衰弱的誘餌香魚會完全釣不到魚。因為具有領域習性的香魚，看到強壯的香魚就會立刻想要把牠趕走，看到衰弱的香魚時，就不太會產生戒心吧！

會爭奪領域的魚種很多，想要在水槽裡養魚的時候要加以注意，最好是先研究看看。

不要進來我的領域！
好痛！好痛！

常見的家中寵物也有領域嗎？

不是只有野生動物才具有領域意識。能夠獲得穩定的食物來源，也不會有敵人入侵的家中寵物，也還是保有領域意識。

例如被帶出門散步的小狗，總是會在各個不同的地方尿尿，這也是宣示自己領域的「標記」行為。

到外面去玩的貓，有時候會好幾天都不回來。那是因為有時候在回家的路上會經過其他貓的領域，因為被阻礙而無法回來。

大家可以觀察一下身邊的動物，做個調查喔！

大雄燕子

啊，真難得。
什麼？不過是隻普通的燕子罷了。
可是這個季節燕子應該都遷徙到南方去了啊。
這樣啊。
還真悠哉呢。
是睡過頭被放鴿子呢，還是找不到回家的路？
這麼說來，
長得跟大雄還真像！
那是大雄燕子。
你說什麼！
啊，飛起來了。
飛的樣子好笨拙喔。

動植物放大鏡Q&A

Q 夜鷹類在日本以夏候鳥為人所知，牠們在冬天一定會遷徙到南方溫暖的地域。這是真的嗎？

A 假的。分布於北美的弱夜鷹雖然有一部分會在冬天南下，但是也有會在岩石縫隙等地方冬眠的個體。

動植物放大鏡Q&A
Q 座頭鯨會和同伴一起做哪件事？①育幼 ②狩獵 ③遊戲

A

② 狩獵。座頭鯨會一起追趕牠們的食物磷蝦，將牠們集中到一個地方，在水中吐出氣泡讓牠們無法逃走，再合力攻擊。

動植物放大鏡Q&A

Q 很多鯨魚會在冬天遷徙到溫帶或寒帶，但露脊鯨則是全年都待在北極圈中。這是真的嗎？

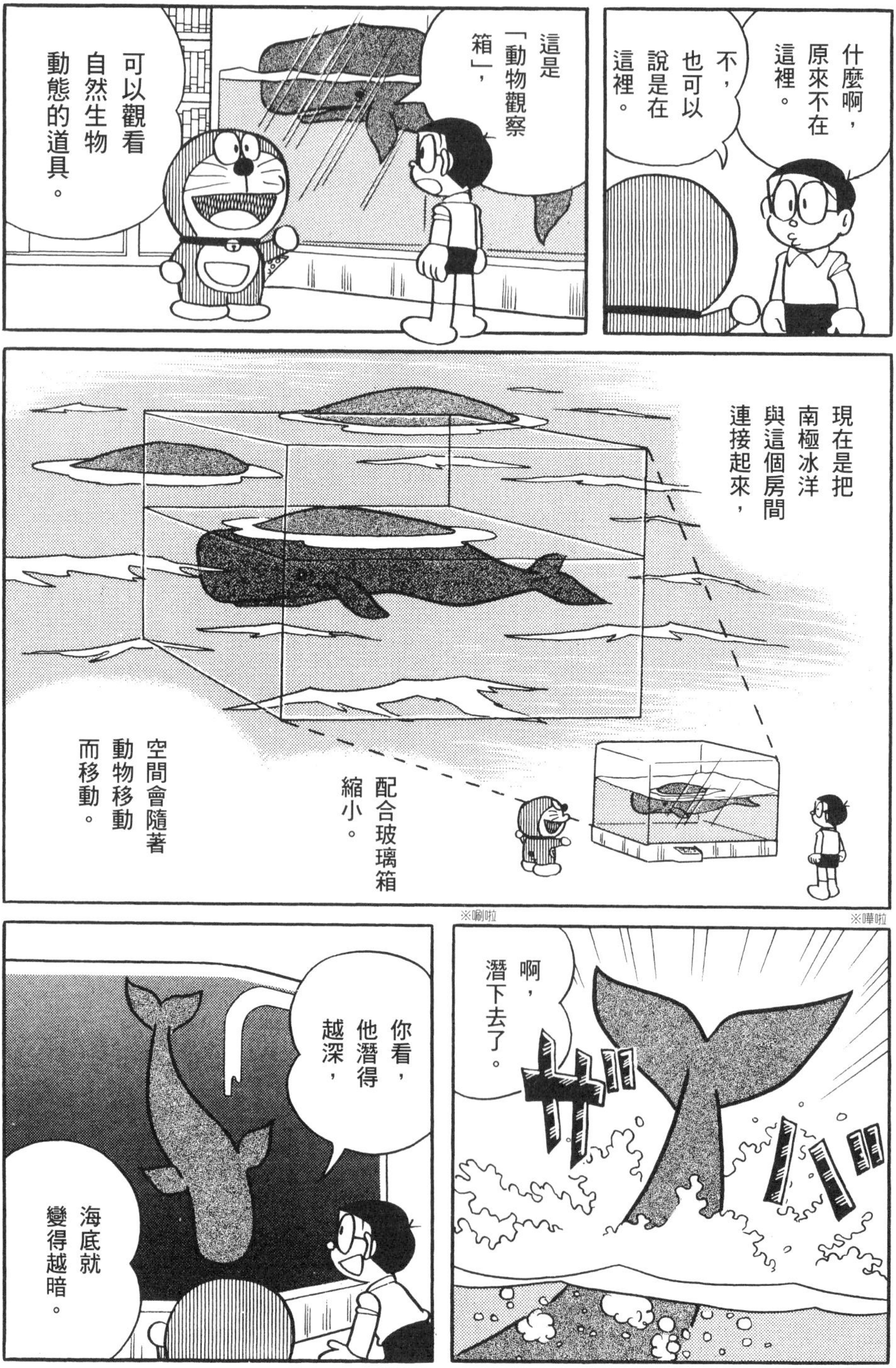

什麼啊，原來不在這裡。
不，也可以說是在這裡。
這是「動物觀察箱」，
可以觀看自然生物動態的道具。
現在是把南極冰洋與這個房間連接起來，
配合玻璃箱縮小。
空間會隨著動物移動而移動。
※嘩啦
※唰啦
啊，潛下去了。
你看，他潛得越深，
海底就變得越暗。

A

真的。熱帶海洋中很少有牠們的天敵虎鯨，所以大多數鯨魚都在溫暖的海域育幼，但露脊鯨卻一輩子都在北極圈度過。

動植物放大鏡Q&A

Q 在獅子家族中，狩獵主要是誰的工作？

①雄性 ②雌性 ③大家同心協力

A ② 雌性。在以家庭為中心的群體中，保護群體不受敵人攻擊是雄性的工作，狩獵主要是由雌性來做。

※嚼嚼
牠說還要~
咦？
鎮上有人養獅子？
而且還養在金魚缸裡!!
要是獅子獸性大發就糟糕了！請好好教訓他們。
準備好了嗎？我要打開囉。
咦？

無尾熊好可愛。
動物園裡也難得一見，因為牠只生長在澳洲，除了尤加利葉什麼也不吃。
你竟然說那是獅子？胡說八道！
怎麼會這樣!!
不需要特地從中國運過來，
只要有這個玻璃箱，隨時都能看貓熊。
連地底下的鼴鼠都看得一清二楚，真厲害。

動植物放大鏡Q&A

Q 家燕在遷徙時主要是在白天還是晚上飛行？ ①白天 ②晚上 ③白天晚上都會飛行

A ①白天。雖然小鳥們為了躲避敵人，在夜間遷徙的居多，不過家燕是在白天遷徙，也有會悠閒的邊捕食邊遷徙的個體。

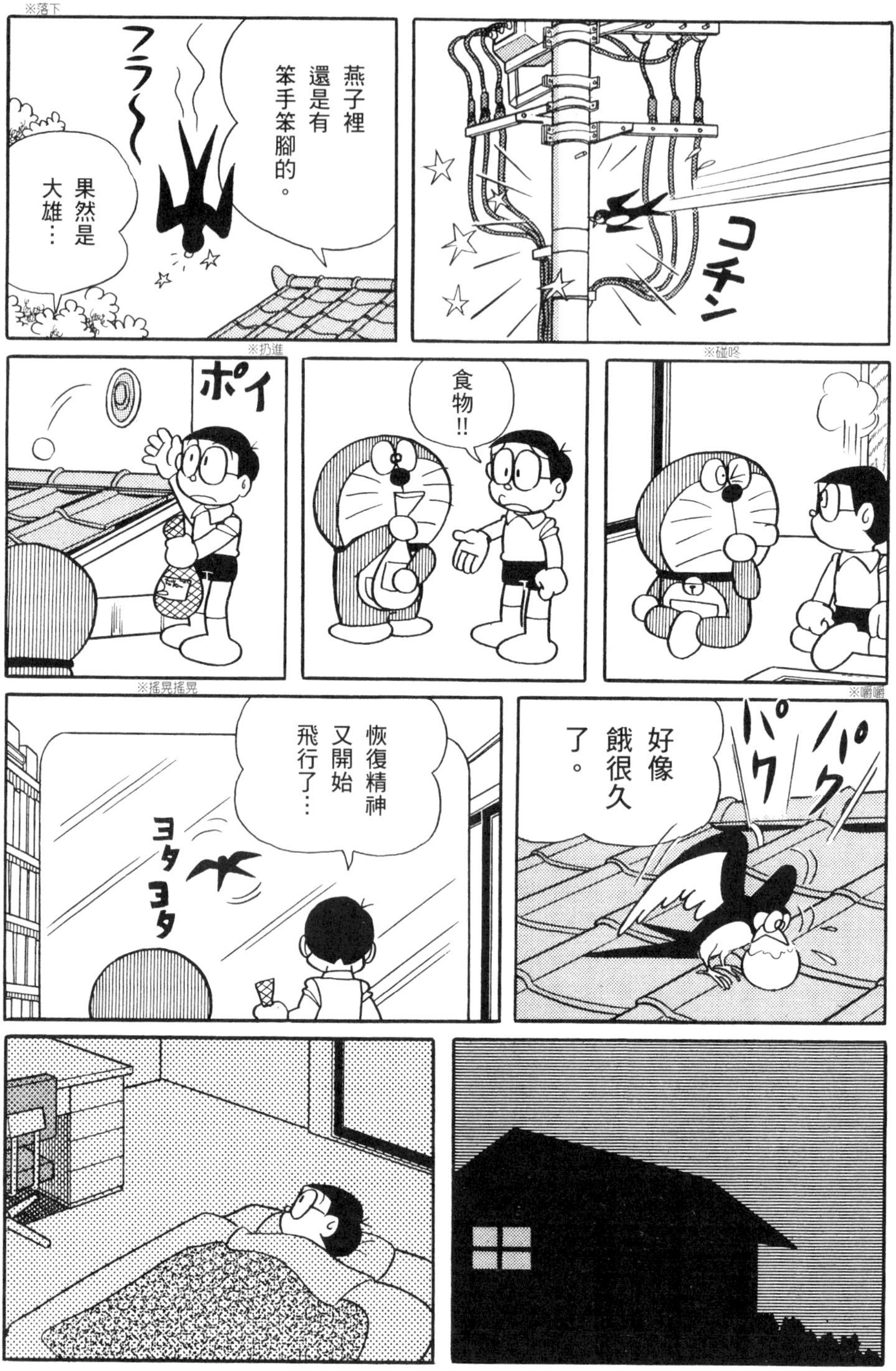
コチン
燕子裡還是有笨手笨腳的。
果然是大雄…
フラ〜〜
※落下
※碰咚
食物!!
ポイ
※扔進
パクパク
※嚼嚼
好像餓很久了。
恢復精神又開始飛行了…
ヨタヨタ
※搖晃搖晃

動植物放大鏡Q&A

Q 有些候鳥在飛行時會排成V字型，是為了讓天敵把牠們識為大型鳥類以便安全飛行。這是真的嗎？

A 假的。只要乘著飛在前方同伴所引發的氣流，就能減少空氣阻力，節省能量。所以飛在最前面的領隊會時常輪流。

哆啦A夢，
起床！
我很在意燕子的行蹤，想到睡不著。
再把玻璃箱拿出來。
找不到的，不知道牠在哪個屋簷下睡覺。
不知道牠能不能順利到南方去。
候鳥天生就知道遷徙的季節與目的地，
有的學說認為是依靠太陽或星星的位置，有的則是說感應磁場來辨別，眾說紛紜。
總之應該是不必經過學習就能正確抵達目的地才對。
可是候鳥之中也有大雄⋯

動植物放大鏡Q&A

Q 在遷徙時天鵝的速度約為？

① 時速三十公里
② 時速六十公里
③ 時速一百公里以上

A ② 約為時速六十公里。在遷徙時會飛行數千公里的天鵝或雁鴨，不論白天或晚上都能飛行。

動植物放大鏡Q&A

Q 北美的大樺斑蝶雖然是蝴蝶，卻會為了越冬而飛到南方去。這是真的嗎？

A 真的。牠們到了秋天就會成群飛往越冬地，一般認為數量從幾百萬隻到幾千萬隻。到了春天會再朝向北方飛行。

拜託了!!不管是大雄燕子還是我自己，每次總要麻煩你。
別說了，好難為情喔。
我一定會平安將牠送達，你放心！
真是可靠的朋友。
怎麼這麼久還沒回來啊？
已經過十天了…
※搖晃搖晃
燕子是平安抵達菲律賓了，
但是我家是在哪個方向啊？
ヨタ
ヨタ

候鳥爲何要進行如此長又嚴酷的旅行？

鳥兒們越過海和山做長距離移動的原因

古時候的人們對於家燕在春夏時節，會在屋簷下築巢飛來飛去的家燕，到了秋天就完全消失無蹤這件事，覺得非常不可思議。他們於是有了「家燕一定是在泥土中冬眠」、「在冬天期間會潛到海裡生活」等等猜想。古希臘有名的哲學家亞里斯多德則主張「家燕等夏候鳥，在冬天會現身變成別種鳥」。

家燕是候鳥，冬天會在南方的地域生活這件事，現在已經無人不知了。那麼，為什麼候鳥要做那麼長的旅行呢？原因在於地球的氣候變化。地球的氣候一般是從赤道地區越往南北移動就越冷。此外，由於地球的自轉軸相對傾斜於地球繞行太陽的軌道，所以就產生了以一年為週期的季節變化。

一般認為候鳥是為了因應這些季節變化，為了尋求擁有豐富食物來源、能夠生活得舒適的場所而來來去去。候鳥的旅程幾乎都是做南北方向的移動，也證明了這個看法。

另一個原因是牠們在選擇適合產卵育幼的場所，以及在不育幼的季節也可以生活得很舒適的場所。其實遷徙對鳥類來說是非常嚴酷的旅程。究竟有沒有必要如此辛苦的改變生活場所呢？在遷徙這件事上，還留有非常多待解的謎團。

▼家燕在春天到夏天之間遷徙到日本，在市區街上或是山中築巢、育幼。

插圖／水谷高英

在日本不同的季節會有許多不同的候鳥來報到

依照季節，在距離遙遠的地點之間來去的鳥類，稱為「候鳥」，相反的，像麻雀或是烏鴉、白頰山雀、灰椋鳥等，在一年之中幾乎都是在同一個地域生活的鳥類，則稱為「留鳥」。但是一直都在日本生活的鳥類之中，也有夏天會在海拔比較高的山上度過，冬天則下到平地來的種類，這種移動方式，也可以視為是上下方向的小型遷徙。

候鳥依其抵達當地的季節分為夏候鳥、冬候鳥和旅鳥。不過這是以當地為基準來看。以日本為例，從俄羅斯到日本過冬的天鵝，對位置在北方的俄羅斯來說，就會是夏候鳥。夏候鳥是從比日本南方的地域遷徙過來，在日本度過春天和夏天的鳥類。牠們會在這段期間產卵和育幼，直到夏天結束再回到南方越冬。家燕、杜鵑、白腹琉璃、黃眉黃鶲、灰鶇等都屬於這類。冬候鳥主要是為了越冬而從比日本還要寒冷的地域飛過來日本度過冬天，然後在迎接春天前再度前往北方。白枕鶴、天鵝、雁、黃尾鴝、斑點鶇等都是冬候鳥。

白額雁

在飛渡到日本來的雁類之中數量最多。宮城縣的伊豆沼、內沼是眾所皆知日本最大的越冬地。牠們的遷徙距離大約為 4000 公里。

插圖／水谷高英（白額雁、白枕鶴）

過境鳥是在比日本北方的地域繁殖，在比日本南方的地域越冬的鳥類。在遷徙的途中，只有在春天和秋天的某個時期會在日本短暫停留，然後再飛往下一個地點。在潮間帶或是溼地等常見到的鷸類和鴴類多半是屬於這種。在這些鳥類之中，也有在春天來到日本，就這樣在日本度過夏天的個體。此外，也有原本應該要到南方越冬，卻留在日本的個體。雖然我們會認為既然能夠在日本生活，為什麼還要特地飛到別處去過日子。即便如此，還是有許多鳥類每年會同樣的進行遷徙，真是不可思議啊！

在日本全年都能夠見到的候鳥是？

也有一些鳥類明明是候鳥，卻幾乎全年都能夠在日本見到。例如大白鷺的同類中白鷺，是在日本育幼的夏候鳥，冬天時遷徙到南方；而大白鷺則是在中國東北部度過夏天，在冬天時到日本來的冬候鳥。此外，也有一些蒼鷺不會遷徙，而是一直都留在本州。也就是說牠們既是夏候鳥也是冬候鳥、留鳥。換句話說，國土南北狹長的日本，有著非常多樣的氣候變化。

來到日本的候鳥，會在潮間帶或是溼地、湖沼、里山、森林等適合牠們生活的環境中，一邊育幼（夏候鳥）或是越冬（冬候鳥），一邊度過到下次遷徙前的這段時間。但是最近由於過度開發的問題，讓牠們生存所必需的自然環境多被破壞。此外，即使在日本還殘留著不錯的生活環境，只要遷徙途中或是遷徙過去的那個環境惡化了，候鳥就很難存活。候鳥以這樣的遷徙行為，告訴我們守護自然環境的重要性。

白枕鶴

夏天在黑龍江流域的中國和俄羅斯國境附近育幼，然後再前往距離 2000 公里以外的中國、朝鮮半島或日本的鹿兒島縣出水平野等地越冬。

第一次看到的位置
燕子沿著陸地南下，
位置

知道遷徙的季節、記得路線等不可思議的能力

在候鳥的行為當中最讓人感到不可思議的是，沒有日曆也沒有地圖的鳥兒們，究竟是怎麼知道該遷徙的時期與該遷徙的地點，又是如何能夠不會走錯路線的抵達目的地。

每年在夏季即將結束時，總是會看到許多家燕排排站的站在電線上，坐立不安的互相鳴叫著，這樣的行為被認為是顯示遷徙時期即將到來的行為。牠們每年會在同一個時期結束育幼，並做好遷徙的準備，一般認為牠們之所以能夠如此，是由於生物在體內具有能夠告知季節和時間的生物時鐘所致。在迎接冬天之前，動物們會準備冬眠，或是在相同季節生產，都是因為有這個生物時鐘。

那麼，牠們又是憑藉著什麼而能夠前往距離幾百、甚至幾千公里外的目的地呢？肯定有什麼特別的機制

依賴各種不同機制飛行。
星座
太陽
地形
地磁

▲ 候鳥為了讓長途旅行能夠成功，具備了各式各樣的機制。

特別專欄

全世界旅行距離最遠的小燕鷗

曾經有人拍攝到鶴類飛越世界最高峰喜馬拉雅山脈上空的影像。此外，據說斑頭雁也能夠在比喜馬拉雅山脈更高的 9000 公尺上空飛行。候鳥們所具備的能力，真是超出我們的想像。

小燕鷗更是厲害。牠們會從阿拉斯加或是加拿大北部、格陵蘭等北極地區，飛越南冰洋抵達南極大陸，飛行距離大約有 2 萬公里。牠們每年飛行 4 萬公里的路程，在南極與北極分別度過兩次夏天。

▲ 從北極地域到南極大陸，飛行距離為世界最長的小燕鷗。

插圖／和久正明

存在，只是目前我們對究竟是怎麼樣的機制仍舊不了解。不過經由各方面的實驗和研究，候鳥們的特殊能力，也開始一點一點的被揭露。

候鳥們會知道自己應該前進的方位，似乎是以太陽的位置及移動方向來當標的。此外，像斑點鶇或黃眉黃鶲那樣在夜晚遷徙的物種，則被認為應該是參考星星的位置來行進。

候鳥的體內有指南針？

另外，一般認為候鳥會學習，並記憶路線上的地形特徵。換句話說，就是牠們的腦袋裡有一張地圖。據說感知風向及氣味等，對決定前進的方向也很有幫助。

除此之外，最近也有人提出在候鳥的體內，可能具有能夠感知地球地磁的感官，這完全就像是隨身攜帶著指南針來決定方位一樣。候鳥們就是藉由使用各種不同的能力，來幫助自己正確的抵達目的地。

會做長距離遷徙的不只有鳥類？

在大陸的大草原上持續遷徙的大群草食動物

在非洲大陸上，廣布著稱為乾草原的熱帶大草原。由於當地會因雨季與旱季的季節變化而讓草和水的分布有所改變，所以在這裡生活的多數草食動物，總是得為了尋求草地和喝水的地方而遷徙。此外，獵捕這些草食動物們的獅子和鬣狗等肉食動物，也會跟著牠們一邊追著獵物一邊進行流浪之旅。雖然這和候鳥的旅行性質不同，不過生活在陸地上的動物中，也有許多是在廣闊的大地上一邊遷徙一邊生活的種類。

以在乾草原中會形成最大群體一起遷徙而為人所知的，是牛科動物中的黑尾牛羚。牠們的大群可以超過一百萬隻個體，一邊尋找可以吃的草，一邊進行遷徙。雖然只要成為數量如此龐大的動物們的食物，該草原立刻就會變得光禿禿，但是由於牠們的蹄能夠翻動土地，所排放的大量糞便能夠成為養分，所以只要雨季再來，那裡又會再度長成廣闊的草原。除了黑尾牛羚之外，湯姆森瞪羚或斑馬等動物也會形成大群，一邊遷徙一邊過日子。

草食動物的大遷徙，在歐亞大陸乾燥地帶的大草原上也能見到。此外，到大約兩百年前為止，在北美大陸的大草原地帶據說也曾有過數量多達數千萬頭的美洲野牛在那裡成群過著遷徙式的生活。由於美洲野牛有通過固定場

◀從前在北美大陸的大草原上，以大群一邊移動一邊過日子的美洲野牛。

插圖／田中豐美

所的習性，牠們原本遷徙的路線，後來有不少被開發成道路，再加上人們為了要獲取牠們的肉和皮而濫捕，導致牠們的數量大幅減少，現在只能在美國的保護區內生活。牠們的草原也被開發成農地或牧場，從前的那種大遷徙，現在已經看不到了。

在海中也有生物在進行大遷徙

在海裡也看得到大遷徙。這樣的遷徙，和大洋裡的海流有很大的關係。目前已知有以太平洋黑鮪為首，食人鯊、海龜類等都會這樣順著海流，進行橫斷太平洋的旅行。

一般來說，在海中越離開赤道往寒冷地域，生物相就越豐富，食物也更豐饒。因為如此，有些鯨類會在天敵相對比較少、安全且溫暖的海中生產及育幼，其他時間則在接近北極或南極的海域中生活。座頭鯨也是如此。牠們在夏天時會在寒冷的海洋中吃下大量的食物，再為了交配或生產，而出發前往溫暖的海洋，做一趟超過八千公里的旅程。

特別專欄

在馬里亞納海域產卵的日本鰻鱺

大家都知道鮭魚平時在海裡生活，到了產卵時期會沿著河川上溯。而鰻魚正好相反，牠們平時是在河川或湖沼中生活，到了產卵的時期才到海裡面去。

從前都沒有確切的證據顯示日本鰻是在海中的何處產卵，不過最近總算找到了那個海域。那是在距離日本大約 2200 公里的馬里亞納群島（因關島而聞名）的西方海域。雖然鰻魚的親魚會在那裡產卵、死亡，但是新生的鰻魚會花費好幾個月的時間，一邊成長、一邊順著太平洋的洋流北上回到日本。

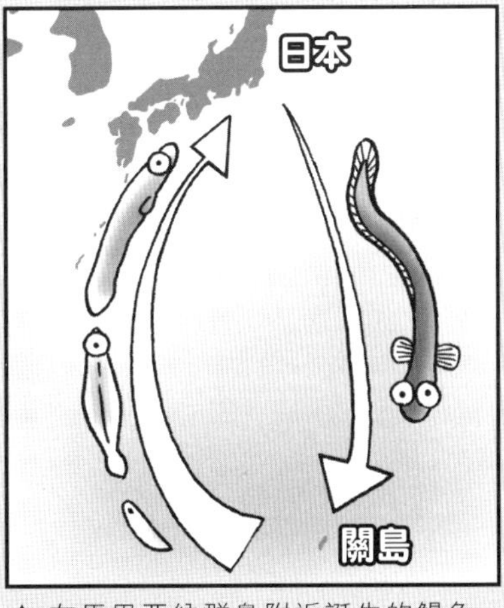

▲ 在馬里亞納群島附近誕生的鰻魚，會在長成鰻線以後順著日本的河川往上溯。

杜鵑蛋

懶惰蟲!!
大白天的就無所事事。
又考零分!!
給我讀書!!
※ 哩
買東西回來後，要掃地、洗衣服、洗碗盤。如果敢偷懶，就沒飯吃!!
騙人。
太誇張了吧。
真的很嚴格嘛！

有那樣的媽媽……
我真的是日本第一不幸的少年。
又送錯了!!
我不記得有訂這種東西啊。
那間百貨公司真差勁。
這是什麼?
「杜鵑蛋」。
你應該知道杜鵑鳥吧?牠會把蛋產在別的鳥巢裡。
等蛋一孵化,鳥巢的父母親就會以為是自己的雛鳥,而拼命的撫養。
只要把這顆鳥蛋放在自己身上,就能成為別人的家人,是個很卑鄙的道具。
待會再送回去。

動植物放大鏡Q&A

Q 被其他鳥類養大的杜鵑,會以為自己不是杜鵑而自行孵蛋。這是真的嗎?

A 假的。即使是被其他鳥類養大的杜鵑，在長為成鳥後，也會在其他鳥類的巢中產卵。明明就沒有人教牠，真是不可思議啊！

※躡手躡腳

動植物放大鏡Q&A

Q 杜鵑雛鳥即使已經長得比養育牠的親鳥大，還是會向親鳥索食，親鳥也還是會餵牠。這是真的嗎？

A 真的。杜鵑的雛鳥在離巢之後，也還經常向親鳥索食。在那個時期，杜鵑雛鳥的身體已經差不多比親鳥大了。

動植物放大鏡Q&A

Q 杜鵑不只是在其他鳥類巢中產卵而已，也會再產一顆卵來自己孵。這是真的嗎?

大雄，該適可而止了吧！
※扔掉
※嚼嚼
※嚼嚼
?
咦？
為什麼大雄會在我家浴室？
咦!?
真正的小夫在這裡。
你跑去哪裡了？
該去補習班了。

A 假的。牠們自己不育幼。雖然也有其他鳥類不會自己育幼，不過在日本看得到的全都是杜鵑科的鳥類。

讓其他鳥類幫忙孵蛋——不可思議的杜鵑

這是什麼？

在親鳥不注意時，偷偷產卵的杜鵑

在其他的鳥類巢中產卵，讓牠們幫忙孵蛋，孵化後還讓牠們育幼，這種行為稱為「托卵」。正如在漫畫中提到的，杜鵑是以托卵而知名的鳥類。

老鷹!!
其實是杜鵑！

▲杜鵑或小杜鵑等杜鵑科的鳥類，乍看之下和老鷹很像。牠們之所以能夠趕走在巢裡的親鳥，也是多虧了這種外形。

杜鵑的外觀和老鷹相似。當親鳥在巢中產卵進行孵卵時，看見杜鵑接近會誤以為是老鷹要來攻擊自己而受驚逃走。杜鵑會趁親鳥逃走的空檔，在其巢中產下自己的卵。但要是巢中多了一顆蛋的話會穿幫，所以杜鵑也經常會把巢中原本的那顆蛋給吃掉。

不過牠們並不是任何鳥類的巢都好，杜鵑會托卵的鳥種為大葦鶯、草鵐、紅頭伯勞、灰喜鵲等。被托卵的鳥稱為養母（宿主）。

比其他雛鳥早孵化的杜鵑雛鳥

杜鵑會造訪好幾個巢，在好幾個地方產卵。杜鵑產下的卵雖然和養母的卵相似，卻不一定都會被孵化或是被養大。自古以來被杜鵑托卵的鳥類，能夠辨識杜鵑卵的能力越來越高，例如草鵐就經常看出杜鵑卵，所以最近杜鵑也不太對牠們進行托卵了。

只要能夠順利被孵育，杜鵑的卵會比同巢的其他卵還早孵化，只需要十至十二天就能孵出來。由於杜鵑的雛鳥有反覆進行屈伸運動的習性，有時候會將原本在同個巢裡養母的卵從巢裡推擠出去。再加上杜鵑雛鳥的身體大，又會張大顏色醒目的喙部積極索食，養母也只好一直餵牠吃東西。

不過對於杜鵑到底為什麼會進行托卵，這個問題到目前還不清楚。有些人認為並不是杜鵑想偷懶，而是因為杜鵑的體溫低，不容易讓卵孵化所致。

▲ 杜鵑的雛鳥較早孵化，牠們會做屈伸運動把其他的蛋或雛鳥擠出巢外。

在其他鳥類巢中產卵的鳥兒

除了杜鵑之外，小杜鵑及棕腹杜鵑、筒鳥等也都會托卵。托卵的養母也大致是固定的種類，小杜鵑會找短翅樹鶯，棕腹杜鵑會找藍尾鴝或白腹琉璃等。此外，鴕鳥和灰椋鳥並不是對其他種類的鳥托卵，而是對同種的鳥進行托卵。也有會托卵的魚類。

▼ 鴕鳥會對同種鳥類托卵。已配對的雄性鴕鳥會在地面挖洞築巢，當雌鳥產卵後，雄鳥會把其他雌鳥也叫來產卵。雄鳥會和最早產卵的那隻雌鳥一起輪流孵蛋，讓所有的蛋都孵化。

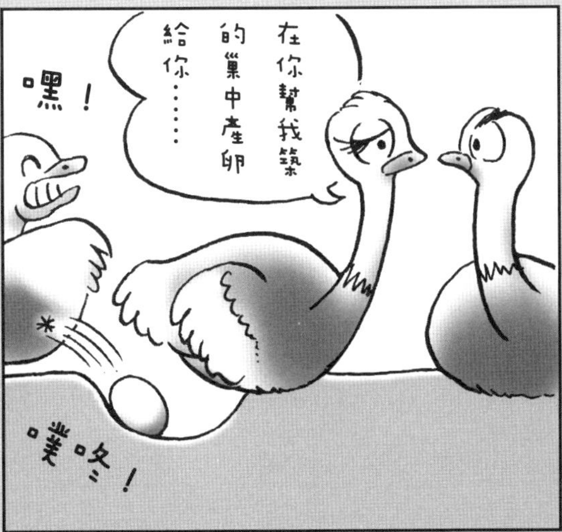

奇妙的育幼方式① 保護卵

只要把這顆鳥蛋放在自己身上，就能成為別人的家人，是個很卑鄙的道具。

由雄性產卵？海馬

在人類社會中，特別是在日本，最近總算有「父親也應該積極育幼」的聲音出現。看過各種不同生物的例子之後，會發現其實父親參與育幼是理所當然的事。像海馬的孩子，居然是從公海馬的肚子裡跑出來的呢！會生孩子的雄性，真的存在嗎？

媽媽!!
不，我是爸爸。

▲海馬是由雌性把卵產在位於雄性腹部的育兒袋中，在卵孵化以後再從袋子裡出來的。

謎底揭曉，其實不是雄性生孩子。海馬雖然長得不太像魚，卻還是屬於魚類，魚類是以產卵來延續後代。不過產卵的，當然是雌性。母海馬會把卵產在公海馬肚子上的袋子裡，只要能夠把卵產在公海馬的育兒袋中，卵就能安全的被保護到孵化為止。

海馬的卵在公海馬腹部的育兒袋中花上二至三星期孵化，孵化後會在育兒袋中待個幾天之後才出來。當卵孵化的時候，公海馬的腹部會突然鼓起來喔！

揹著卵走動！產婆蟾・負子蟾

也有青蛙會像海馬一樣，由雄性來保護卵玻。牠們的名字叫做產婆蟾。「產婆」指的事從前的人生產時請來幫忙的人（助產士）。

雌的產婆蟾在產卵之後，會由雄的產婆蟾將卵纏在後腳上。直到孵化成蝌蚪為止，牠們不論在何時何地都會帶著卵行動，等到過了大約一個月，蝌蚪孵化之後，才會把牠們放到有水的地方去。

再介紹另一種會保護卵的青蛙。牠們的名字叫做負子蟾，是由雌性負責保護卵。

負子蟾的雌蛙會一邊翻轉身體一邊產卵，讓產下來的卵黏在背部。負子蟾背部的皮膚簡直就像是海綿一般，能夠讓卵一顆顆的嵌進去。然後在經過大約兩個月之後，在雌蛙背上孵化的蝌蚪，會在變態成小蛙以後才出來。

把卵吃掉！口孵魚類

好不容易才將卵產下，卻被雄性一口一口的吃進嘴裡！不過你不必很生氣的想：「怎麼可以這麼過份！」因為牠們其實是要將卵放在嘴裡保護。這種行為稱為「口孵」。

會把卵藏在口中保護的不只有雄性而已，有些是由雌性負責，或是雌雄輪流來保護卵。卵或是剛從卵裡孵化出來的後代，很容易就會被其他動物捕捉吃掉，但是待在親魚嘴裡就很安心。還有一些魚種即使已經從卵孵化，仔魚還是會馬上躲到親魚的嘴裡。會在嘴裡保護卵的魚類有骨舌魚類（龍魚）、鋸蓋足鱸等。蛙類之中也有像銜幼蟾科這類蛙會在口中護卵。

令人驚訝的是，即使在嘴裡保護卵的口孵魚中，也還是有會托卵的魚類。棲息在非洲的歧鬚鮠就是如此。牠們會在麗魚科（或稱慈鯛科）魚類的口中托卵，孵化出來的仔魚們會把麗魚的卵或是孵化的仔魚給吃掉。

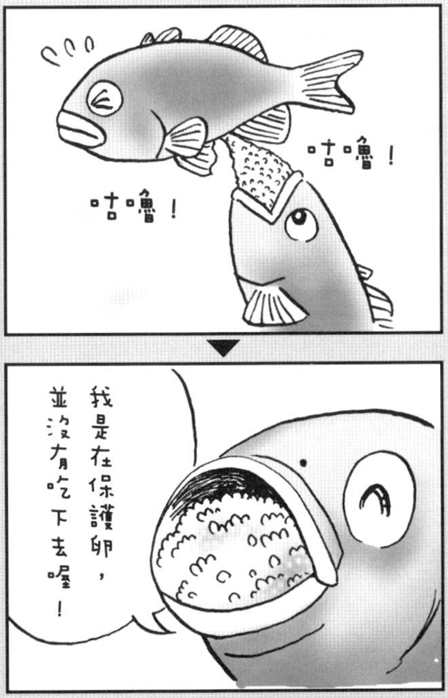
咕嚕！
咕嚕！
我是在保護卵，並沒有吃下去喔！

◀在嘴裡保護卵的話，就不容易被敵人攻擊，即使產下的卵數少，能夠養大的可能性卻會變高。

奇妙的育幼方式② 保護孩子

明明是魚，卻從媽媽肚子裡生出來——食人鯊

在前面介紹過，魚是從卵誕生的，可是卻有和人類一樣，孩子是從媽媽的肚子裡出生的魚類。例如以海中獵人聞名，並讓人懼怕的食人鯊就是如此。在鯊魚之中有不少的種類都不是從卵，而是從母魚的肚子裡生出來的呢！

當中的祕密其實和海馬的育兒袋有點類似。海馬是由雌性把卵產在雄性的育兒袋中，讓雄性用肚子保護卵到孵化為止；而食人鯊則是由雌性用肚子保護卵，到孵化為止都把卵藏在肚子裡。像這樣的育幼方式，稱為「卵胎生」。

話說回來，人類的嬰兒在媽媽肚子裡時，是（用臍帶）和媽媽連在一起，從媽媽那裡獲得營養而成長。食人鯊的卵雖然在孵化之前，只要有卵中的營養就夠了，但是孵化之後就會由於成長所需的營養不夠而感到困擾。在這個時候，牠們就會去吃周圍其他的卵。也因為如此，能夠從肚子裡生出來的就只有少數的幾隻到十幾隻，在魚類之中算是非常少的。

卵胎生的魚類雖然還有孔雀魚、石狗公等，不過石狗公的小魚並不會在肚子裡互食，魚媽媽可以一次生下好幾萬隻的仔魚喔！

在媽媽的袋子裡長大──袋鼠

像人類這樣的哺乳類，大都是在媽媽的肚子裡長大以後再誕生的。不過在哺乳類之中，也有以極度早產的狀態誕生，在雌性的育兒袋中長大的種類。大家都知道的袋鼠和無尾熊就是屬於這一類，這些動物稱為「有袋類」。

你的弟弟或妹妹已經在媽媽的肚子裡了喔！

大型的袋鼠可以長到一百六十公分、七十公斤左右。可是牠們在誕生時的尺寸卻只有一至兩公分、體重大約只有一公克。袋鼠也是在哺乳類中以早產狀態誕生的寶寶，且和親代的身體比例最為懸殊的動物。不過雖然誕生時只有那麼小，牠們在剛出生的時候卻能立刻靠著自己的力量，從媽媽的腳基部爬到育兒袋的入口，再緊緊的吸住位於育兒袋裡的乳頭。

可是，究竟為什麼要生下那麼小的寶寶呢？

袋鼠在周圍環境不適合育幼時就不會懷孕。寶寶還不在袋子而是在肚子裡的時候，更是沒辦法再有孩子。可是假如有育兒袋的話，即使袋子裡有寶寶，肚子裡還能夠再有別的寶寶。只要寶寶在早產的狀態下從肚子裡誕生，空出的肚子裡立刻就能再懷有一個新的弟弟或妹妹。而且那個弟弟或妹妹會在哥哥姊姊長大離開育兒袋以後，才會從媽媽肚子裡出來。這樣一來，不論大自然有多麼嚴酷，袋鼠都不會錯失生小孩的機會。

話說回來，你有沒有看過還在媽媽袋子裡的小袋鼠呢？雖然牠們的臉朝向外面，但其實在袋子裡的袋鼠寶寶是把肚子朝向媽媽的方向，用背部朝外。牠們只是轉動脖子看向這邊而已。

蒲公英飛向藍天

哇～
真讓人驚訝呢！
快看看玻璃箱裡！
這是去年為了養甲蟲而買的箱子。
你仔細看看裡頭。
是蒲公英！
種子飛進來了吧！
拿去扔了吧。
喂，等一下。
你居然這麼乾脆就決定要扔掉。
好不容易要開花了，這樣很殘忍耶……
幹嘛說得那麼誇張，不過是株蒲公英而已嘛！
你怎麼能有那種想法呢？無論是一根小草，還是一隻蟲子……
你也應該要有愛護它們的心。要是你的心靈無法與大自然有所交流，那麼你的人性就會……
完全聽不懂你在說什麼。

是嗎…你完全不懂啊？
「童話眼鏡」。
你再看一次。
啊！
蒲公英在哭？
因為不想被扔掉。
奇怪？拿下眼鏡看的話，就只是普通的蒲公英啊。
其實蒲公英並不是真的在哭泣，只是讓你看起來像那樣而已。
無論是植物或動物，看起來都會像人一樣喔。
好像變成童話世界呢！

動植物放大鏡Q&A

Q 蒲公英的日文「タンポポ（讀音似ㄊㄤㄆㄛㄆㄛ）」是源自日本打擊樂器小鼓的聲音？

A 雖有很多説法，但一般認為是因為將其花莖剪短、周圍縱向撕開沾水時，兩端會朝外側彎曲成小鼓的形狀而得名。

因為這陣子都沒下雨，
我們都快要渴死了。
既然你們都這樣說了，
我也不能置之不理。
你也來幫我嘛！
我可是什麼都沒有聽到喔。
哎呀～真是難得。
居然不用我說，就主動幫忙澆水。
你看，懶惰的大雄在澆水耶！
今天該不會要下紅雨了吧？
剩下的交給你!!
那些貓並沒有真的開口說話啊……
其實那只是反映了你內心的想法而已。

動植物放大鏡Q&A

Q 蒲公英的英文名「Dandelion」是因為花的形狀很像獅子的鬃毛。這是真的嗎？

A 假的。是來自法文中意思為「獅子牙齒」的「dent-de-lion」。據說是因為它們鋸齒狀的葉片和獅子的牙齒很像。

※唰啦
ジャア
※唰啦
ジャア
這樣你們就沒話說了吧？
謝謝你每次都幫我澆水。
妳的花苞應該快開了吧？
喂…大雄，一起去打棒球吧！
我才不去呢！
萬一打輸又會怪在我頭上。
這樣不行喔！既然不擅長，就應該更加努力練習才是。
很煩耶！妳再囉嗦的話，我就不管妳了。

※咻碰
※喀嗒叩咚
※喀嗒
風的聲音好恐怖，我睡不著。
ガタ
ガタ
ゴト
救命啊！
我快被風吹走了。
誰來救救我！
啊……蒲公英！
我馬上來!!
對了，用空的花盆……
得整晚都壓著這個才行。
ビュウ
ビュウ
※咻～咻～

Q 蒲公英的花都是黃色的嗎？

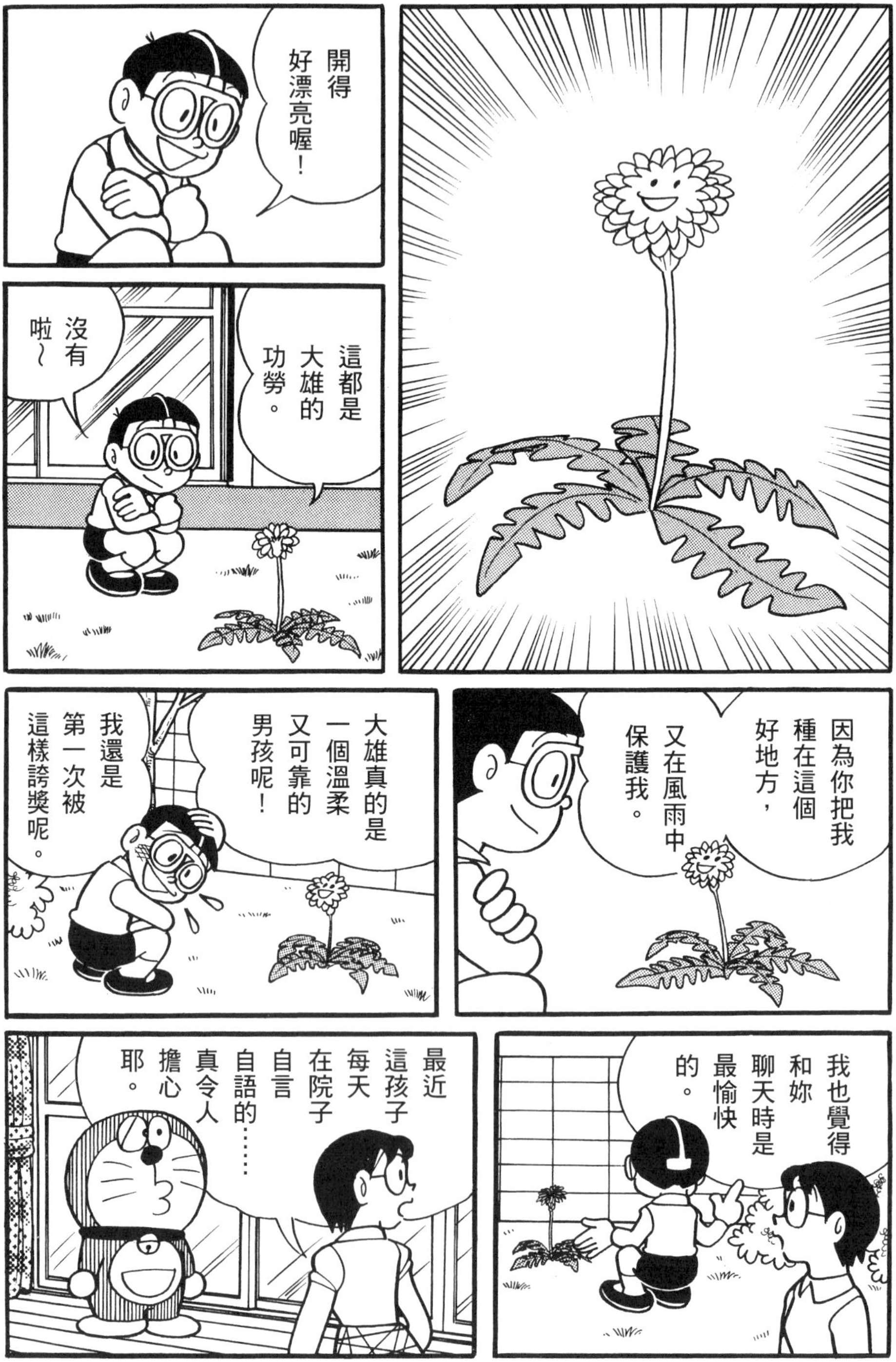
開得好漂亮喔！
這都是大雄的功勞。
沒有啦～
因為你把我種在這個好地方，
又在風雨中保護我。
大雄真的是一個溫柔又可靠的男孩呢！
我還是第一次被這樣誇獎呢。
我也覺得和妳聊天時是最愉快的。
最近這孩子每天在院子自言自語的……
真令人擔心耶。

A 日本的特有種蒲公英大概有十種，其中分布在本州關東以西、四國、九州的白花蒲公英，花瓣是白色的。

你偶爾也和大家一起去打棒球啊！
我不想把時間花在我沒自信能做好的事情上。
那你有自信的事又是什麼？
這個嘛……
完全沒有。
喂，大雄！你今天一定要來打棒球喔!!
因為人數不夠，所以才特別讓你加入的，你應該感謝我們才是！
都這樣拜託你了，你還不答應!!
人類果然很粗暴，真是討厭。

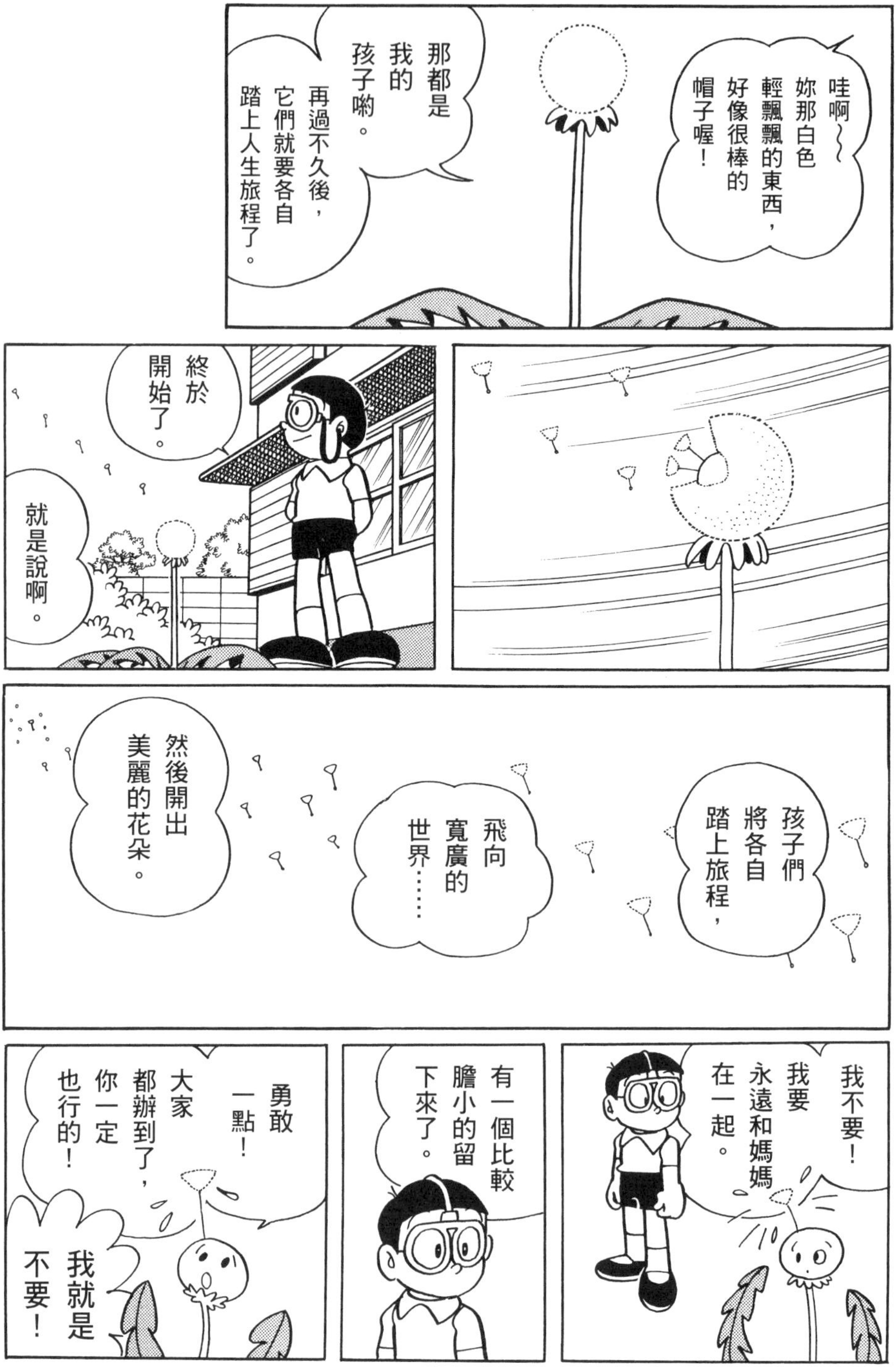
哇啊～～妳那白色輕飄飄的東西，好像很棒的帽子喔！
那都是我的孩子喲。
再過不久後，它們就要各自踏上人生旅程了。
終於開始了。
就是說啊。
孩子們將各自踏上旅程，
飛向寬廣的世界……
然後開出美麗的花朵。
我不要！
我要永遠和媽媽在一起。
有一個比較膽小的留下來了。
勇敢一點！
大家都辦到了，你一定也行的！
我就是不要！

動植物放大鏡Q&A

Q 為什麼吃太多鳳梨或是奇異果，舌頭就會開始刺痛呢？

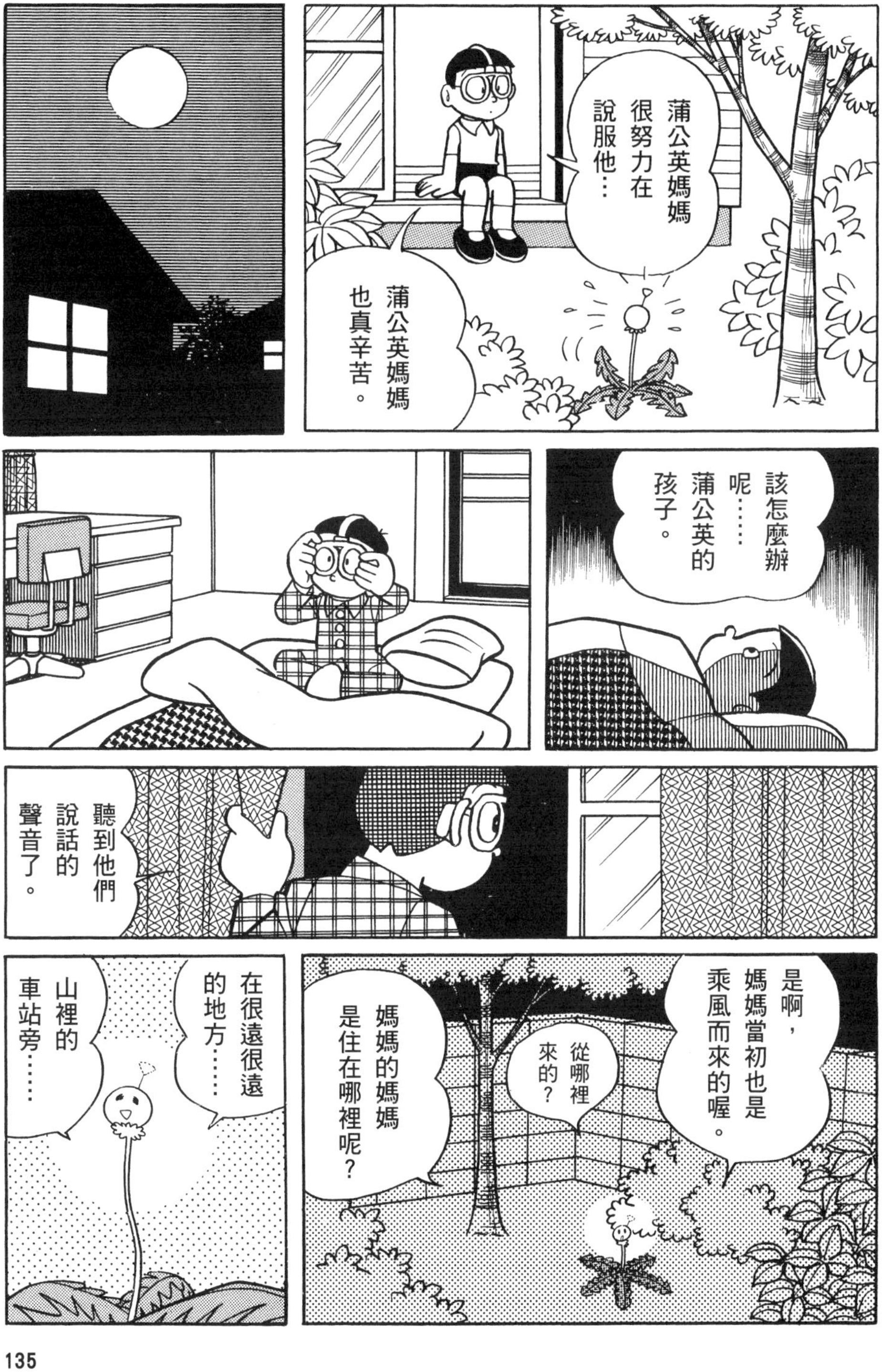
蒲公英媽媽很努力在說服他……
蒲公英媽媽也真辛苦。
該怎麼辦呢……蒲公英的孩子。
聽到他們說話的聲音了。
是啊，媽媽當初也是乘風而來的喔。
從哪裡來的？
媽媽的媽媽是住在哪裡呢？
在很遠很遠的地方……
山裡的車站旁……

A 那是果實中的蛋白質分解酵素將舌頭表面溶解所造成。這是果實為了要讓猴子等動物，不會一次將自己種子吃光的機制。

動植物放大鏡Q&A

Q 把繡球花換地方種之後，花瓣的顏色有時候會改變。這是真的嗎？

A 真的。在土質為酸性的時候，花瓣的藍色會變強；鹼性的時候，紅色會變強。不過還有其他原因也會讓繡球花變色。

動植物放大鏡Q&A

Q 植物也會在晚上睡覺嗎？

A 雖然和動物的睡眠不同，不過有些植物會在夜晚把葉片閉合起來，看起來很像是在睡覺般，例如合歡、含羞草。

嗯。
其實沒想像中可怕。
那你要到哪裡去呢？
我也不曉得耶……
不過，我一定會在某處成為美麗的花朵。
幫我和媽媽說一聲，請她不用擔心！
加油喔！
我似乎……
也該跟他們一起玩了。

日本蒲公英面臨的危機？

取代日本原生的蒲公英，在都市逐漸增加的西洋蒲公英

在原野或河岸土堤等地方開著鮮豔黃花的蒲公英，是大家都熟知的花，也是會告訴人們春天已經來到的野花。可是你知道嗎？這種蒲公英和日本自古以來就已經存在的種類（特有種）是不同的。由於原產於歐洲的西洋蒲公英的出現，日本的蒲公英已經逐漸失去它的主角寶座。

日本原本有著像關東蒲公英、關西蒲公英等花朵大小有些許不同的十幾種蒲公英。在明治時代，西洋蒲公英被引進日本。

日本的蒲公英必須有自己以外的其他花的花粉沾到雌蕊上，才能夠受精產生種子。但是西洋蒲公英卻是可以「孤雌生殖」，具有能夠單獨製造種子的能力。相對於日本的蒲公英若是沒有群生到某個程度就無法增加植株，西洋蒲公英只要有一棵，就能夠不停增加和親代具

日本蒲公英與西洋蒲公英的辨識方法

在比較花的總苞時，可以看見相對於日本特有種蒲公英的總苞是像要包住花一般的往上延伸，西洋蒲公英的卻像是往外側翻般的展開著。

有相同基因的複製個體。此外，西洋蒲公英在有炎熱日照的水泥地縫隙，或是空地上也能夠長得很好，從春天到秋天可以開花開很長的時間，散播非常多的種子，具有很強的繁殖力。

對這兩者造成極大影響的，是人類的過度開發。原本覆滿綠色植物的田園和原野被剷除後，導致日本蒲公英的毀滅。在新出現的廣闊乾燥空地上，它們既不能生存，更無法留下子孫。而另一方面，西洋蒲公英則是只要留下一棵，就能夠在那邊開出新的花，並隨著都市化的進行擴展勢力。現在日本的蒲公英只有在殘存下來的些許里山原野中才能見到了。

把日本的蒲公英逼到這個地步的，其實不是西洋蒲公英，而是人類。

在日本擴散的外來種植物成爲很大的問題

像西洋蒲公英這樣，從海外被引進的植物，稱為外來種植物。外來種會因為沒有天敵而容易增殖，也有可能會讓生態系失衡。與特有種之間的雜交也成為嚴重的問題。

以動物來說，在池塘湖泊中增生的大口黑鱸，導致原有動物數量急遽下降造成了很大的問題。植物中也有像北美一枝黃花那樣，由於在日本各地的數量暴增，而把特有種植物逼入絕境般的問題頻繁發生。

原本在當地生態系中不存在的外來種植物或動物，是導致世界各地生物多樣性下降的原因，因此，嚴格限制引進生物種的國家也變多了。

特別專欄

讓英國傷透腦筋 來自日本的外來植物

有外來種問題的國家不是只有日本而已，其中也有在海外大量繁殖而造成麻煩的日本植物。在美國有野葛和芒草，在澳洲則是海草類的裙帶菜過度增加，這些都對當地的生態系統造成影響。

而在歐洲造成問題的是蓼科的虎杖。那是在十九世紀由西博德（Philipp Franz Balthasar von Siebold）等人從長崎帶回，以觀賞為目的而培育的植栽，在野生化之後擴展到各地去。而英國決定採取的虎杖對策，是從日本引進它們的天敵昆蟲──虎杖木蝨。

種子的獨特旅行方式是什麼？

哇啊～～妳那白色輕飄飄的東西，好像很棒的帽子喔！

種子裡含有將自己的生命延續到後代的設計圖

植物為了要讓自己的生命能夠延續到後代而製造種子。在小小的一顆種子中，包含了可說是生命設計圖的遺傳基因，以及讓種子可以發芽所必需的營養。種子能夠耐寒與保持乾燥，並且具備只要條件良好就能發芽的機制。

動物在環境條件變差的時候，可以遷徙到別的地方生活，誕生的後代也能夠自己行動擴散到別處。可是植物卻無法從自己紮根的場所離開，難得自己結實結種，卻也無法親自將種子運到適合生長的場所。況且要是就這樣掉落到地面上的話，只會彼此搶奪有限的養分而已，這樣非但沒辦法增加數量，也不能夠拓展生活場域。於是，非常驚人的，植物的種子就下了各種不同的功夫，讓它們能夠在空間中移動。

利用風做旅行的種子

▼輕飄飄的乘著風，或是像直升機一般的能夠一邊旋轉翅膀一邊乘風飛行的種子。

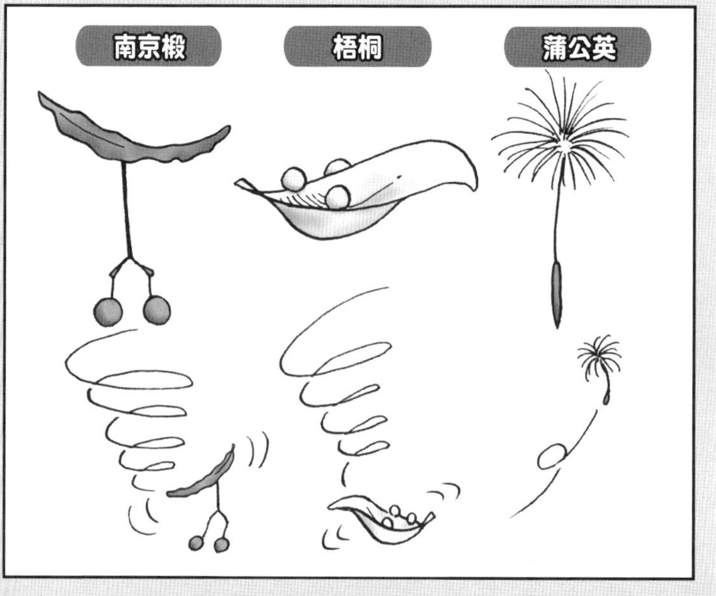
南京椴
梧桐
蒲公英

利用大自然或動物在新天地中留下後代的功夫

在蒲公英和蘿藦的種子上有著細絲狀的冠毛，它們能夠藉此讓空氣的阻力（黏性）增加，種子落下的速度變慢，並且可以乘著上升氣流飛到遠方去。南京椴和梧桐、槭樹等種子有一部分會成為翼狀，讓牠們可以乘風飛行並一邊咕溜溜的旋轉，一邊緩慢落下。

靠人或動物搬運的種子

蒼耳

◀ 橢圓形的果實中有兩顆種子。果實上有許多鉤狀的刺，能夠用來附著在動物的毛上面。

鬼針草

▶ 於莖部前端的果實（瘦果）像栗子殼上的針那樣聚集，而每個果實上又有非常多各帶兩根刺的倒鉤。

插圖／小宮和加子

會被利用的不只是風而已，也有些植物會利用動物。像羊帶來、鬼針草、狼尾草、日本牛膝等種子，都是以有倒鉤的針或是刺來黏在動物的毛或人類的衣服上，讓別人帶著它的種子走。也有些植物是像南天竹或是王瓜那樣，種子和果肉一起被鳥兒吞下肚，以在沒被消化的狀態下，被排泄出來的方式到遠方旅行。橡實雖然大多數都被松鼠或老鼠等動物吃掉了，但是儲存起來沒被吃掉的部分就可以發芽。其他還有具備彈出機制，或是順水漂流旅行的種子等。

特別專欄

種子是時光膠囊

種子不只是在空間中移動，也有可能穿越時間。植物一旦發芽，對寒暑、乾燥等就會變得像是毫無防備能力一樣，但種子卻能夠耐受親代植物所無法生存的嚴酷環境。就連我們生活周遭的雜草種子，在幾年、幾十年之後才發芽也都是很稀鬆平常的事。

有個例子是 1951 年在千葉縣檢見川町（現在的千葉市）的遺跡裡，有蓮花種子和獨木舟一起從泥炭層中出土，之後還發芽、開花。這株蓮花被命名為「兩千年蓮」，它的子孫現在也還被栽種於日本各地的公園池塘裡。

那你要到哪裡去呢？
我也不曉得耶……
不過，我一定會在某處成為

植物利用昆蟲進行授粉的戰略是什麼？

準備美食 讓昆蟲搬運花粉

在花兒當中，有會開出美麗花形的，也有花朵顏色鮮豔的，當然也有不醒目很低調的花。花之所以要美麗，主要是要引誘昆蟲幫它們搬運花粉。不過也有不依賴昆蟲，而是讓風幫忙傳送花粉的花。車前草和猪草等都是如此，這類植物的花大都很低調不顯眼。

為了要引誘昆蟲來幫忙搬運花粉，植物衍生出各式各樣的技巧。

首先，準備好昆蟲喜歡吃的蜜（糖分）。實際上對昆蟲來說，富含蛋白質的花粉是具有高營養價值的美食。但是假如讓昆蟲吃花粉的話，對花來說是得不償失的事情，即使是考慮到授粉的效率，花粉被吃掉的損失還是非常大。於是植物提供的就是在光合作用中比較容易製作出來的糖分。此外，強調花朵存在的香氣或花紋、花瓣及其鮮豔的顏色，也都是為了讓昆蟲聚集的重要技巧。

花在形狀上也下了非常多的功夫。有些是不論哪種昆蟲來都歡迎的盤狀花（薄葉艾納香）、有專門提供給能靈巧的鑽進花中的花蜂用的筒狀花（紫斑風鈴草）、有下功夫讓具有細長口器（口部）的蛾專用的細筒狀花（忍冬、王瓜）等，各式各樣形狀的都有。只不過為了不讓蜜被白白取走，它們大都具有非常巧妙的設計，讓昆蟲停在花上、把口器伸進花裡的同時，花粉就會很自然的附著在昆

▼正在吸食菽草花蜜的蜂。對於（種子）被花包覆住的被子植物來說，昆蟲是幫忙它們授粉的好夥伴。

蟲的身體上。

也有像有著鮮豔黃色，但是不會釋出花粉的裝飾用雄蕊的鴨跖草，或是雌蕊的前端變成花粉發達的黃色秋海棠般欺騙昆蟲的花。其他還有形狀像雌性來引誘雄性，或是會釋出很像雌性費洛蒙的氣味來吸引雄性昆蟲的花等等。花兒們會使出各種不同的手段來引誘昆蟲。

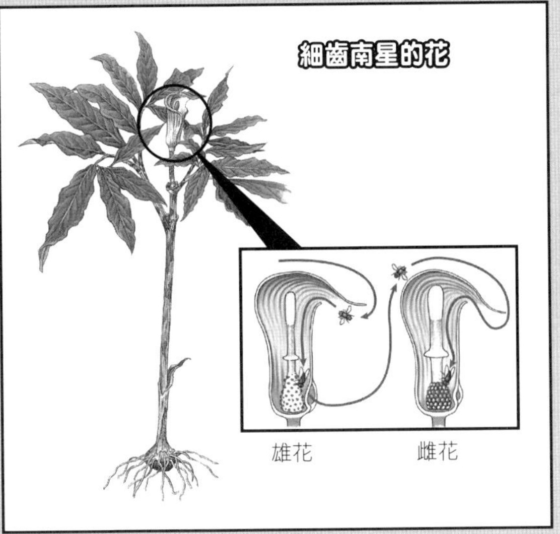

▲ 被細齒南星的氣味吸引，在雄花上沾到花粉的蕈蚋，能夠輕易的從花朵基部的縫隙中鑽出來，但是如果遇到雌花就幾乎沒有空隙，可以讓牠們出來。

插圖／小堀文彥、小宮和加子

特別專欄

以化學武器妨礙對手的北美一枝黃花

在外來種植物之中，以把勢力範圍拓展得很廣而知名的北美一枝黃花，會在地下莖或是根部製作特殊的化學物質，藉著把它們釋放到土中來妨礙其他植物的發芽或生長。這種植物的分泌物質稱為「相剋作用物質」，喜馬拉雅雪松、石蒜、向日葵等也都有，被認為對植物間彼此的競爭，或是對害蟲的防衛等有所幫助。有些地方在農業上利用這種作用，把會釋出防治害蟲物質的萬壽菊種在白蘿蔔田的空隙中，取代農藥來使用。

▲ 開黃色花的北美一枝黃花群生在一起的景象，已經成為在日本各地都可見到的秋天風景。

插圖／小宮和加子

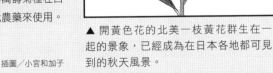

邊吃邊唱，一同賞花

真是可惜……
今年又沒去賞花。
時光就這樣白白流逝掉了…
你每天上下學不是都有看到花嗎？
那才不算！
又不是只有看到花就好了。
要被花海簇擁，然後邊享受美食，才叫賞花啊。
好吧，我懂了。
那就借你「生化植物罐」吧。
我記得後山那邊有漂亮的櫻花。
花都掉光了，只剩下葉子。
我只要一片葉子就夠了。

放進植物罐裡面。
要是長得太大，會弄壞天花板，所以就把它縮小為三分之一……
開始再生！
ブ～ン
※蹦
不管是植物還是動物的每個細胞都擁有遺傳因子，也就是所謂的設計圖。只要能夠讀取出遺傳因子，就可以拷貝出一模一樣的東西來…啊～抱歉，這樣說你很難了解吧？
你看，已經好了。
※噹
又沒有開花。
將季節調到春天…
※啪
只有一棵不過癮…
對喔。
那就再拿更多罐頭出來吧。
只要放進花瓣就行了吧？

※啪
這麼難得的機會，我們邊吃美食邊賞花吧。
廚房應該有食物才對。
連麵包、泡麵或果汁都沒有。
好吧！我來想辦法!!
反正媽媽不在家，可以利用這房間……
你要變出什麼美食來啊？
你乖乖等著看就好了。
啊—好忙喔。
哆啦A夢也很起勁嘛。
對了！
叫靜香一起來賞花。

A 並不是有個品種叫做「無子葡萄」，而是在葡萄開花前，先把植物荷爾蒙沾在花苞上，讓它變得無法產生種子。

動植物放大鏡Q&A

Q 在把橘子的葉片照著光看的時候，看見的那些明亮點點是什麼？

A 在柑橘類的葉子上，有稱為「油點」的構造，是貯存香氣成分的貯藏庫，在照著光看的時候，看起來像明亮的點點。

雖然很小，可是很好吃耶。
這是怎麼做的啊？
我收集了全世界各種水果的遺傳因子…
哇……好像植物園。
玉蜀黍差不多可以吃了吧。
靜香，妳看！還有妳最喜歡的地瓜耶!!
松樹又不能吃。
那是赤松，你看看它的根部。
啊～是小松茸耶！

動植物放大鏡Q&A

Q 聽說目前正在製作能夠預防疾病的基因轉殖作物。這是真的嗎？

A 真的。讓植物製作疫苗，再吃那種植物來提高身體的免疫力。能夠達成這個目標的作物正在開發中。

沒關係啦，不要在意這種小事情。
要是讓這兩個傢伙加入，到時候發生事情，我可不管。
松茸真好吃！哆啦A夢太棒了！
不愧是哆啦A夢，做的事就是不同凡響。
哎呀～沒什麼啦…大家盡量吃。
喔～那是什麼？
這不是卡拉OK嗎？
糟了!!
※魔音傳腦

不可以在二樓喧鬧!!
是喔，你媽回來了喔？
シュ
※咻
趕快按下取消鍵恢復原狀。
哆啦A夢，這道具可以借我一下嗎？
這個轉輪可以調整大小。
我知道了。
我家庭院大得很，我才不會那麼小氣調成迷你尺寸咧。
沒錯。我們把它調成二、三倍大。
我家變成叢林了。救命啊!!

人類可以把蔬菜和水果改良得更好吃？

同樣是番茄和草莓卻有各式各樣的種類

在超級市場的蔬果賣場中，排著大小和形狀都各不相同的番茄。你有沒有想過同樣都是番茄，為什麼會有這麼多種類，真是不可思議！其他的蔬果也是一樣，仔細看看也都會發現很多的蔬菜水果都有非常多的種類。此外，乍看之下沒什麼不同的米，也有越光米、笹錦米等各種各樣的種類。相反的，看起來完全不一樣的青花菜、花椰菜、甘藍、芥藍，其實都是由同樣的高麗菜的野生種衍生而來的。為什麼會這樣呢？

現在農家所培育的各種蔬菜、水果以及稻米，原本都是大自然中的植物，後來人類才開始栽種它們的。一般認為稻和麥是從大約九千至一萬年前開始栽種，而玉蜀黍則是從大約五千年前才開始栽種的。在自己栽種培育的過程中，即使種類相同也要挑選更好吃、更容易種植、天氣冷也能夠長得好的來栽種。此外，也有一些是因為土地的不同，而逐漸變得具有些許不同的特徵。在如此長久的栽培歷史下，就讓相同的東西，逐漸產生了各種不同的種類（品種）。

▼皮薄果實又大的「南高梅」，是從許多棵梅子樹中挑選出最優秀的一棵，再以接枝方式來增殖的品種。

攝影／瀧田義博

以品種改良栽種更好吃、更容易種植的作物

而後人類不只是選擇更好的品種來栽種而已，也以自己的手來讓不同性質的個體受精、交配，想要做出更好的品種。例如把雖然好吃卻容易生病的個體，配上沒什麼味道卻不容易生病的個體，就能夠交配出既好吃又不容易生病的新品種。這種方法稱為「品種改良」。

不過並不是只要交配，就能夠立刻生下好的個體。從誕生的諸多個體之中選擇好的來取種再讓它交配的這種作業，要反覆進行很多次，才能夠獲得具有優秀性質的新品種。

稻子本來是在熱帶等溫暖地域生長的植物，不過在長久的歲月之間反覆經過品種改良，現在就連日本北海道都能夠種植好吃的稻米。

此外，野生的蘋果原本只會結出像櫻桃那麼大的小果實，但是在品種改良之後，成為又大又美味的蘋果。品種改良不但是巧妙的利用大自然的機制，更是人類智慧與努力的結晶。

特別專欄

在工廠培育的蔬菜

明亮的燈光下，在被稱為苗床的檯子上，有萵苣等蔬菜源源不斷的被培育出來。這種像是在科幻小說中才會出現的蔬菜工廠，其實已經成為現實了。在工廠中種植蔬菜的最大特徵，是不使用土壤，而是以把蔬菜在成長時所需要的養分，溶解在培養液中的方式來取代土壤（水耕蔬菜）。扮演太陽光角色的，是不太會產生熱的 LED 燈。在溫度受到控制管理的工廠內既不會受到天氣影響，也能夠防止害蟲或是細菌。此外，也不需要拔除雜草或是施肥。

▲ 在室內不使用土壤的衛生環境中栽培蔬菜的「蔬菜工廠」，已經在許多地方都可以見到了。

生物科技會改變農作物？

以基因重組技術誕生的新作物

所有的生物身體裡面都具有基因。由親代繼承而來的基因是生物身體的設計圖，決定了它的形狀與性質等。記錄著這些資訊的基因本體，是細胞裡面的DNA（去氧核醣核酸）。所謂基因重組技術，是把某種生物的DNA和跨越物種的別種生物的DNA結合，把基因組進完全不同的生物體內的技術。

利用基因重組技術把新的基因組進生物體內，讓它們具有過去不曾擁有過的優秀性質的農作物，稱為「基因改造作物」。例如原本無法忍受低溫或乾燥的作物變強了、能夠產出營養價值更高的作物、讓作物具有不輸給疾病和害蟲的抵抗力的這些事情，全都變成可以辦得到了。而從前藉著長久歲月的品種改良才能得到的新品種，也變得能夠在非常短的期間內就配種出來。現在全世界的人口還在持續增加，糧食不足成為很大的問題。基因改造作物被視為解決這類問題的有效方法，因而受到很高的注目。

▼雖然基因改造作物被期待能夠拯救地球的糧食危機，但是人們對於其安全性也有不小的疑慮。

也有人對基因改造作物的安全性產生疑慮

以世界上首次商品化的基因改造作物而知名的，是在美國開發出來名為「Flavor Saver」的番茄（一九九四年）。番茄一般在成熟前就會被採收，因為熟到可以吃的番茄很容易壞，在從農地輸送到銷售點的過程中，有可能就已經受傷到不能當商品賣了。開發公司以基因重組的方式，成功的抑制了讓成熟番茄壞掉的原因，至此能夠放得久的番茄就此誕生。

在那之後，大豆、玉蜀黍、馬鈴薯、油菜籽、棉花等各種基因改造作物也接二連三誕生，可是其中也有具有問題的種類。

把從細菌中取出的可以製造殺蟲成分的基因，組入作物中，開發出能夠將害蟲殺死的作物，玉蜀黍就是其中之一。不必使用農藥，這點讓農家很高興，可是當大家發現它們的花粉飛舞時有可能會連其他蟲都一起殺死，並對大自然的生態系產生影響時，就成為一個大問題了。

其他的基因改造作物也是，不曾有過的基因所製造出來的新型蛋白質，對吃下去的人會造成什麼影響是很難完全預測的。雖然在這上面設了非常嚴格的安全性基準，可是長期食用的影響，或是哪個作物和近緣種雜交以後對生態系的影響等問題，都是我們還無法獲知的。基於這些原因，人們對於基因改造作物，或是利用它們所製造出來的食物都感到不安。

另一方面，最近不只是農作物而已，也開發出成長速度比過去快兩倍的鮭魚等動物，基因重組的技術不停的在進步當中。

特別專欄

藍色玫瑰的祕密

活用基因重組技術的不只在食品領域而已。使用這種技術開發出來的「藍色玫瑰」也引起很大的話題。到目前為止，透過品種改良已經培育出各種顏色和形狀的玫瑰花，但是只有藍色花瓣的玫瑰是誰也種不出來的。藍色的花是由飛燕草素這種色素在花瓣中堆積之後形成的，可是玫瑰並不帶合成這種色素的基因。於是就有研究者從三色堇中取出合成飛燕草素的基因，持續研究將它組入玫瑰中的方法。從開始研究至今經過了 14 年，總算成功製造出了「藍色玫瑰」。

我最喜歡吃年糕了。
我也是。
我只吃了四個。
我也是四個。

榻榻米稻田
伸手
這是我的！
是我的才對！
ドド
※咚噠
ダ
※啪噠
バダ
ダ

再多一個，我們就不會吵架了。
已經沒有了。誰叫你們吃得那麼快。
為了那種事吵架，實在太難看了。
多幾個年糕就好了。
那樣就不用吵架了。
拿「年糕製造機」出來吧！
※卡咕卡咕
ガクガク
ブウン
※噗──
沒有出來年糕啊。
忘記放材料了。
家裡是有糯米……
但不准你們拿米玩喔！
不是拿來玩的啊。

動植物放大鏡Q&A

Q 漂浮在水田水面上的水萍，對稻子的成長有幫助。這是真的嗎？

A

真的。當水萍覆蓋住水面，光就無法穿透到水裡去，田中的雜草便不容易生長，以結果論來說等同幫助了稻子的成長。

不要只在旁邊看，幫忙插秧啊！
ソロリ
※伸腳
哇！好深!?
ズボ
※噗通
好~兩個小時後，時序到秋天就能收成了。
弄得腰酸背痛的。
是不是太熱了啊？
真奇怪，夏天還沒到啊！
得要有梅雨才行啊！
雨量太少了。
是季節控制器壞了，便宜果然沒好貨！
啊！

動植物放大鏡Q&A

Q 在水田附近常見的紅蜻蜓，是在羽化為成蟲之後才變成紅色的。這是真的嗎？

A 假的。被稱為紅蜻蜓的蜻蜓大約有二十種，牠們在夏天時都是黃褐色的，到接近秋天時開始變紅。也有很多雌蟲不會變紅。

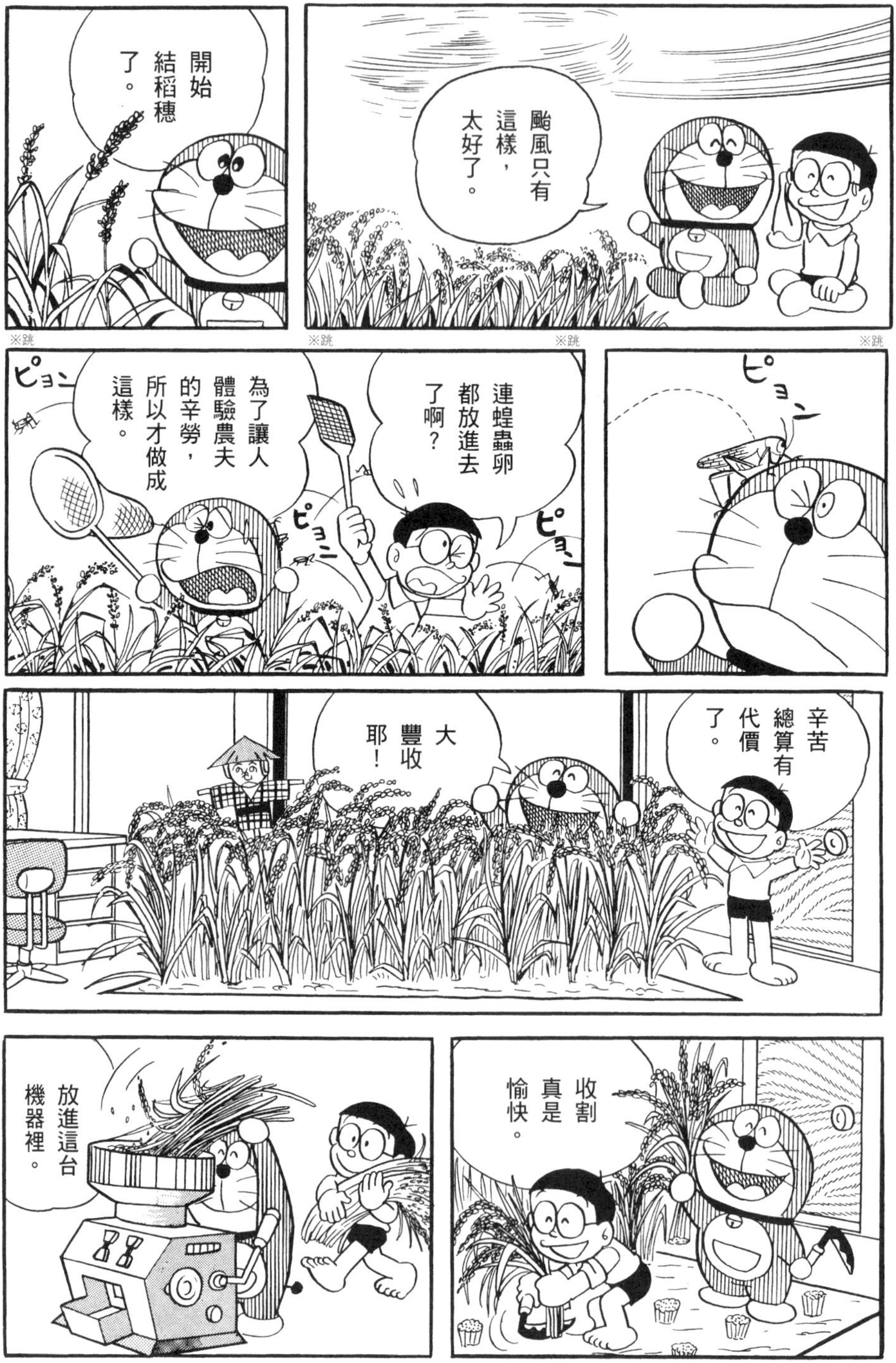
颱風只有這樣，太好了。
開始結稻穗了。
※跳
※跳
※跳
※跳
ピョン
連蝗蟲卵都放進去了啊？
為了讓人體驗農夫的辛勞，所以才做成這樣。
ピョン
ピョン
ピョン
辛苦總算有代價了。
大豐收耶！
收割真是愉快。
放進這台機器裡。

動植物放大鏡Q&A

Q 栽種在像水田那樣灌滿水的地方的蓮藕，它們上面的洞是做什麼用的？

A 蓮藕是食用蓮花的地下莖。利用這些洞，可以把從葉子攝入的空氣傳送到根或地下莖的各個角落去。

水田養育了許多生物？

水田中飽含了種稻人的智慧

能結出我們每天所吃米飯的稻子，原本是在熱帶等溫暖地域的溼地中生長的植物。一般認為種稻技術傳到日本是在距今三千年前左右的繩文時代末期。起初日本也是利用天然的溼地來種稻，一直等到鐵製農具變得普遍之後，才開始把稻田四周圍起來，引水注入成為「水田」，再在那裡種稻。

水田的特徵在於能夠自由儲水。因為如此，整建從山澗、沼澤或是河川引水用的水渠、在水不多的地方建造儲水池等的水源管理就非常重要。像旱田那樣只有耕作土地而已，是沒辦法造出新水田的。究竟應該怎樣分配水，大家必須同心協力想辦法解決問題，才能夠造出水田。

儲存在水田中的水，不僅能供給水稻成長所必要水分，還能夠避免富含營養的土被強風吹走，並且能夠將溶解在水中的山土營養補充給水田。此外，還具有保護剛種下去的水稻秧苗的作用。由於氣溫下降時，水比土不容易冷卻，所以就算夜間氣溫變低，水也能夠幫水稻苗的根部保溫。再加上灌了水的水田不容易長雜草，也能夠防止病蟲害的發生。其他的益處還有，儲水能力強的水田，在豪雨的時候能夠防止河水的暴增，具有有如水壩般的機能。

▼水田中有很多的生物，是進行自然觀察的絕佳場所。

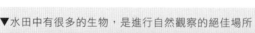

水田是可以容納五千種以上動植物生活的生物樂園

動植物專家們在徹底調查過棲息在水田及其周圍的生物之後，發現動植物合起來大約有五千六百種。水田不只是培育水稻而已，也培育了這麼多的生物。

水田是人類所做出來的人工溼地。巧妙的使用這類環境的是日本雨蛙和黑斑蛙等蛙類。青蛙在春天時會在水田裡產卵，蝌蚪也在水田的水中生長，直到變態成為青蛙後，就在水田及其周邊的雜木林中棲息，也會吃危害水稻的害蟲。雖然在水稻收割後的水田裡見不到青蛙的蹤影，但是一到春天，牠們又會聚集到水田的水邊來產卵。蜻蛉類也很巧妙的利用水田。秋赤蜻在秋天時會在水田中產卵，卵就這樣越冬，等到水田被灌水後，水蠆（蜻蜓幼蟲）就會孵化並在水裡成長。水蠆羽化成為蜻蜓後就會離開水田，等到秋天時再度回來。

▲以田鱉、龍蝨等水生昆蟲為首，在水田中還有蛙類、青鱂魚、泥鰍等許多動物。在田埂及水渠的堤防上也有豐富的草花。

特別專欄

早春水田爲何會變成一片紫色地毯？

紫雲英是原產於中國的豆科植物。早春時會開紫紅色的花。由於它的莖的前端排著大約 7 ～ 10 朵花，和佛像底座的蓮花很像，所以日文名就叫做蓮華。由於紫雲英富含氮，把它們混進土裡之後就能夠成為水田的肥料，所以從前日本各地都廣泛栽植紫雲英。可是在進入化學肥料的時代之後，會種植它們的農家就很少了。

最近利用自然機制種植的自然農法再次受到重視，紫雲英的價值也持續受到重視。此外，紫雲英也是美味蜂蜜的蜜源喔！

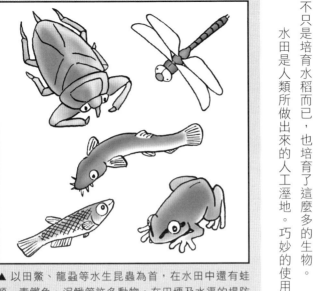

人類出力保護的里山自然是什麼？

得要有梅雨才行啊！
雨量太少了。

人與自然共同生存的里山環境

在山麓上廣布著水田與旱田，附近有小河流過，有雜木林、神社森林、原野或蓄水池。如此悠閒的田園風景，現在也還能在日本各地看到。像這樣連結人類生活與大自然之間的場所，稱為「里山」。雖然原本的原生林被砍伐開墾，改造成人類在生活上會利用的雜木林或農地，但仍舊保存了富含多樣性的豐富自然，保留了各種生物能夠生活的環境，這就是里山。

明明就是人類在維持、管理，卻還存留著多種多樣的自然生態，聽起來好像有點不可思議。不過這和全部都是為了人類而建造的都市或公園不同。在里山裡，人類是想辦法要與大自然互相幫助、順利合作，積年累月所構築出來的巧妙共生姿態。

水田、水渠、蓄水池以及廣布於其後的里山雜木林，提供了許多動物生存必要的場所。不只是動物，由於在明亮開闊的水田周圍，有著從潮溼到乾燥的各式環境，所以植物的種類也非常豐富。

▼以打掃落葉、割草等各種整理方式，來維護里山的豐饒自然。

攝影／瀧田義博

守護自然、享用自然的恩惠高明的打交道方式

在里山，為了不讓大自然的恩賜被取用殆盡，在永續經營的前提下，一邊利用一邊維持環境。收集掉落在山裡和樹林裡的落葉製作堆肥，可以讓農地保持生氣。割下來的雜草可以當家畜的飼料。一點點的切下樹枝，可以當成柴火或是木炭等燃料。此外，把粗大的木頭加工，就可以製成碗盤等餐具。若是一次就全部用完的話，自然環境立刻就會被破壞殆盡，但如果一點一點小心的使用，大自然就能夠有所喘息並恢復原狀。再加上只要好好管理，還能夠在春天採野菜、秋天採蕈類，享用山林的恩惠。

不是只有人類懂得巧妙利用里山，黑鳶、老鷹類等猛禽類、狸貓（貉）等哺乳類也都是在雜木林中築巢，在開闊的水田和原野中尋找食物。蛇和龜等也是把稻田周圍當成住家來生活。如此多種多樣的生物，和里山的豐饒環境一起快樂的生活著。

▲只要能夠高明的和里山打交道，里山就會把各種大自然的恩惠賜給我們。

特別專欄

和里山一起生活的鳥類朱鷺消失的原因

你知道有一種鳥的學名是*Nipponia nippon*嗎？（屬名和小種名都是「日本」）那是從前在日本全國的里山都能夠看見的朱鷺。具有簡直像是日本代表般名字的朱鷺，族群數量越來越少，到了2003年時，在日本的自然環境中生長的最後一隻朱鷺也死亡了。吃水田或是水渠中的泥鰍和田螺等維生的朱鷺，是因為農藥導致食物減少，里山環境變糟，而無法存活下去。目前正在進行把中國的朱鷺引進日本復育，等增加到一定數量之後再野放回大自然的計畫。

人類生活的變化改變了里山

對人類、對生物來說，里山這種原本安定又容易生活的環境，近年來由於開發而被破壞，或是因人類不再去整理而逐漸荒廢。探究造成這些改變的原因，在於人類的生活起了變化。

▼橡實也有各種不同的種類。營養豐富的橡實，對山裡的動物們來說，是重要的秋天美食。

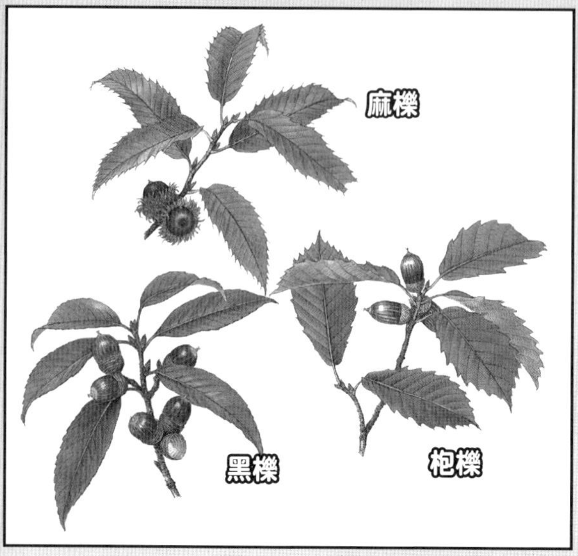

插圖／齋藤光一

不用到山裡去收集落葉也有化學肥料可以使用，加上瓦斯、電力、煤油等新型燃料的普及，木柴與木炭也變得不再必要。基於這些原因，人們便不再走進附近的山林裡去了。而不再受到管理的里山長滿了茂密的竹子和矮竹，野葛纏繞其間、雜草叢生變得荒廢，對一直居住在里山裡的野生生物來說，這裡變成了很不適合生存的環境。

此外，農業也由於農夫的高齡化，讓休耕的農地、田地逐漸增加。里山被開發成住宅區、高爾夫球場或垃圾處理場等。由於里山的荒廢，從前在里山可以隨處看見的青鱂魚、桔梗等生物，也面臨了滅絕的危機。

特別專欄

大家一起保護世界各地的「SATOYAMA」

設立保護區，一邊留下大自然原本的姿態，一邊保護動植物的活動，目前世界各地都在進行。而另一方面，由人類介入大自然而構築出讓生物能夠豐饒生活的場所的里山，正以日本為中心，在世界各地被重新檢視並加以重視。像里山這樣，人類巧妙利用與大自然的接觸面的生活方式，在亞洲、歐洲等地都有。「SATOYAMA（里山的日文拼音）」已經逐漸成為世界的共通語言了。

樹寶，再見！

動植物放大鏡Q&A

Q 有些樹木會釋出具有防蟲效果的氣味。這是真的嗎？

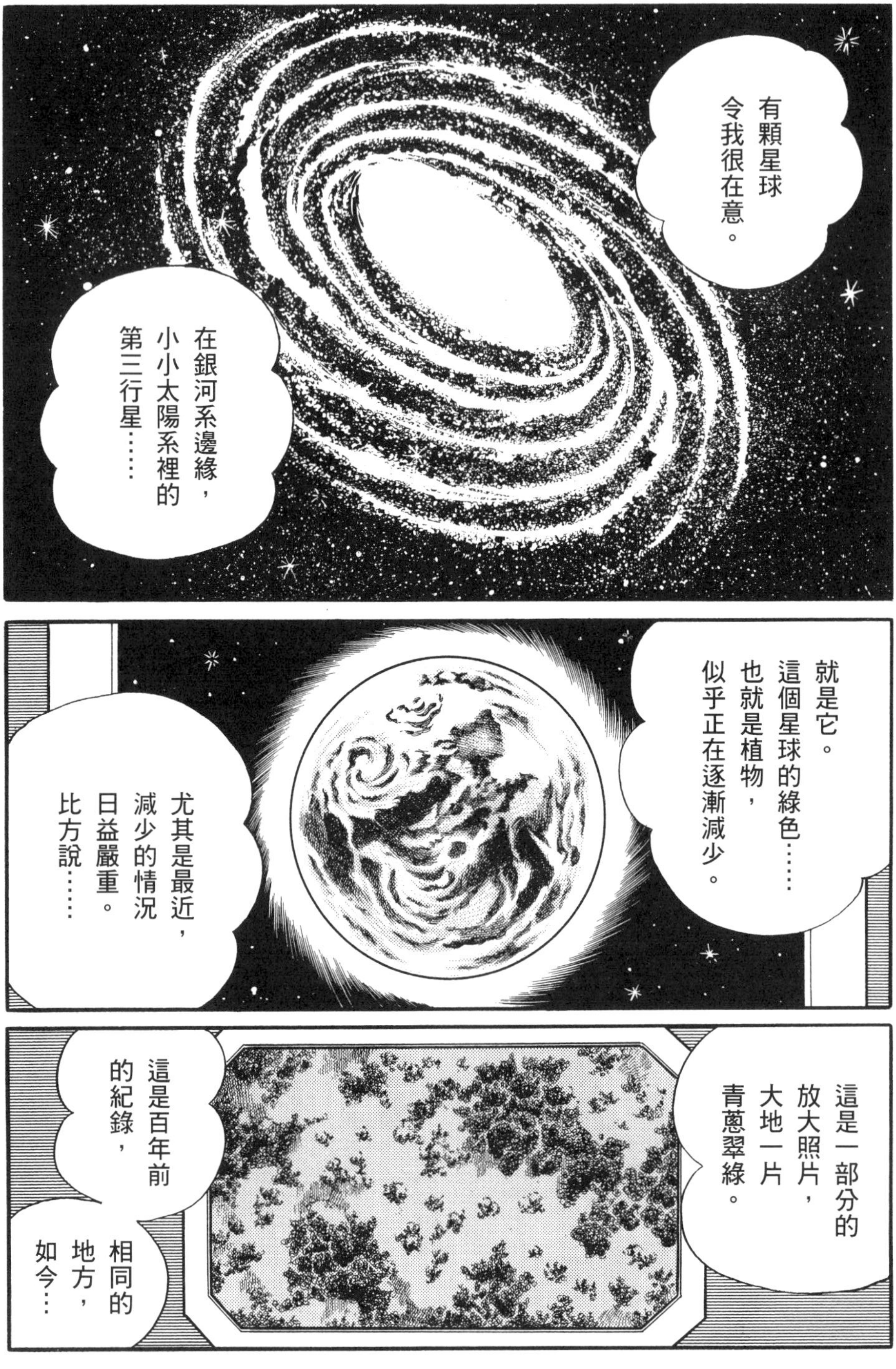

有顆星球令我很在意。
在銀河系邊緣，小小太陽系裡的第三行星……
就是它。這個星球的綠色……也就是植物，似乎正在逐漸減少。
尤其是最近，減少的情況日益嚴重。比方說……
這是一部分的放大照片，大地一片青蔥翠綠。
這是百年前的紀錄，
相同的地方，如今…

A 真的。據説杉樹或扁柏的氣味能夠抑制蟎的繁殖。從樟樹取得的樟腦也被用來當作防蟲劑。

如您所看到的。
嗯……問題的確十分嚴重。
馬上派遣調查隊。
依據調查的結果，採取適當手段。
聽說又要蓋房子了。
後山也逐漸在改變。
大雄很喜歡後山對吧？
嗯。
在山裡面享受森林浴，讓人心情很安穩。

撿橡果啊！摘木莓啊……
以後就沒辦法做這些事了。
一顆樹寶寶。
如果平安長大，就能長成大樹、活上幾百年……
馬上就要被挖掉了。
這裡怎麼樣？
不錯啊，日照很充裕。
院子這麼窄，不要再種樹了!!
那麼，這棵樹怎麼辦啊？

動植物放大鏡Q&A

Q 冬天仍有還長著綠色樹葉的常綠樹，其葉子是不會掉落的。這是真的嗎？

A 假的。常綠樹的葉片也是會掉落再長出新葉子，只不過不會像落葉樹那樣一次全部掉光。葉子的壽命會因種而異。

樹寶，你看得懂漫畫？
那個藥也具備思考能力。
只要教它，什麼都能記起來。
好！我念漫畫給你聽，你要記起來喔。
好像多了個弟弟。
作業寫完了嗎!?
還不快去寫作業!!

動植物放大鏡Q&A

Q 最長壽的樹木可以活多少年？①一百年 ②五百年 ③一千年以上

A ③ 一千年以上。日本屋久島的繩文杉被推定至少已經活了兩千年。美國有棵松樹，有著存活四千八百年以上的紀錄。

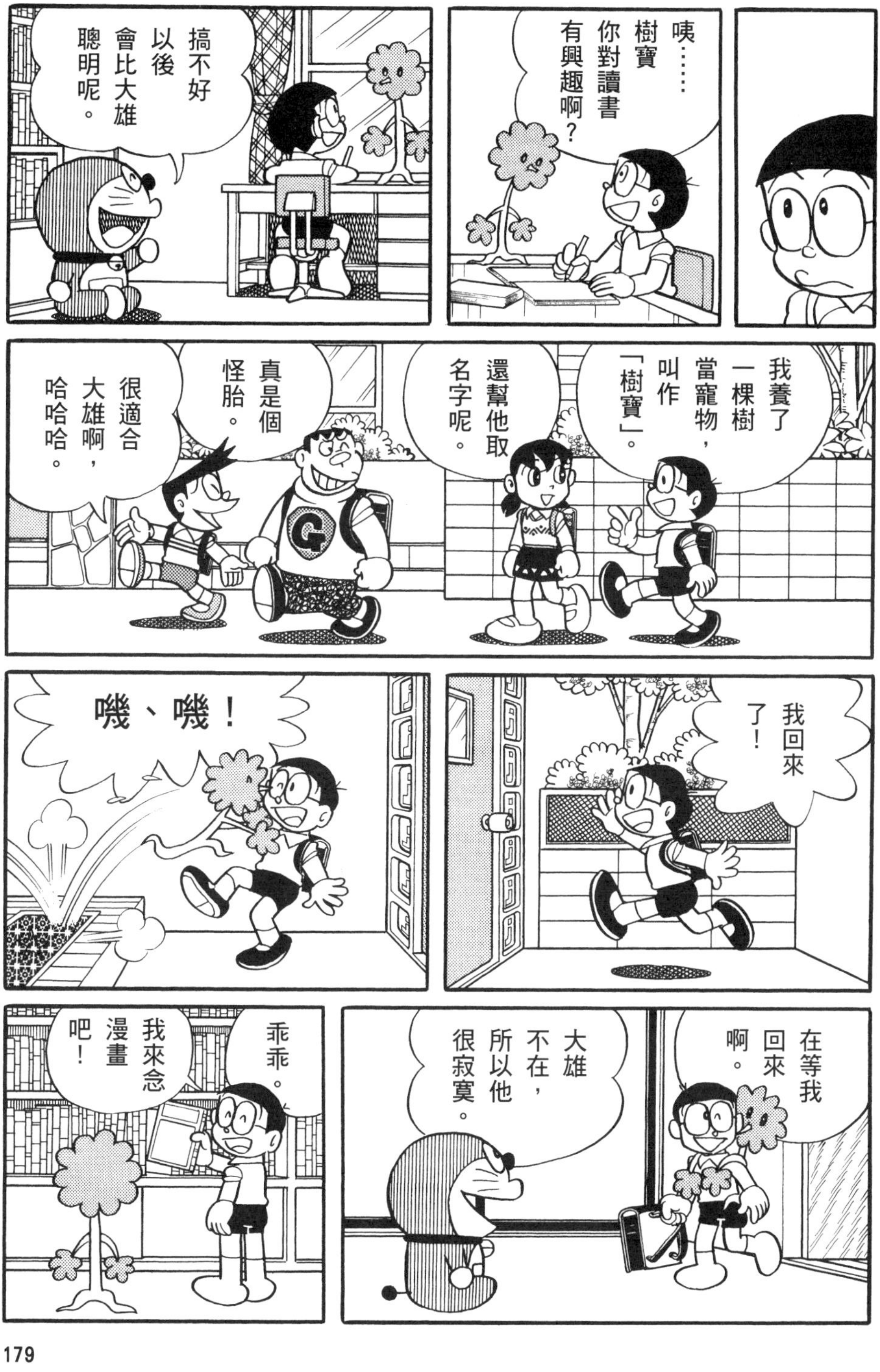

Q 在櫻樹葉柄基部附近上的小瘤是什麼？

樹寶，你的頭擋到了。
竟然有喜歡看電視的樹，真是不可思議。
從早上就看得很入迷。
好像很喜歡看教育節目。
教育節目!?咦！
跟大雄差真多。
ピク
啊……好像下雨了。
トコトコ

※愣住

※咚叩咚叩

A 在櫻樹葉柄基部附近一定都有小瘤，那是會釋出甜甜汁液的「蜜腺」，用來吸引螞蟻，驅除害蟲。

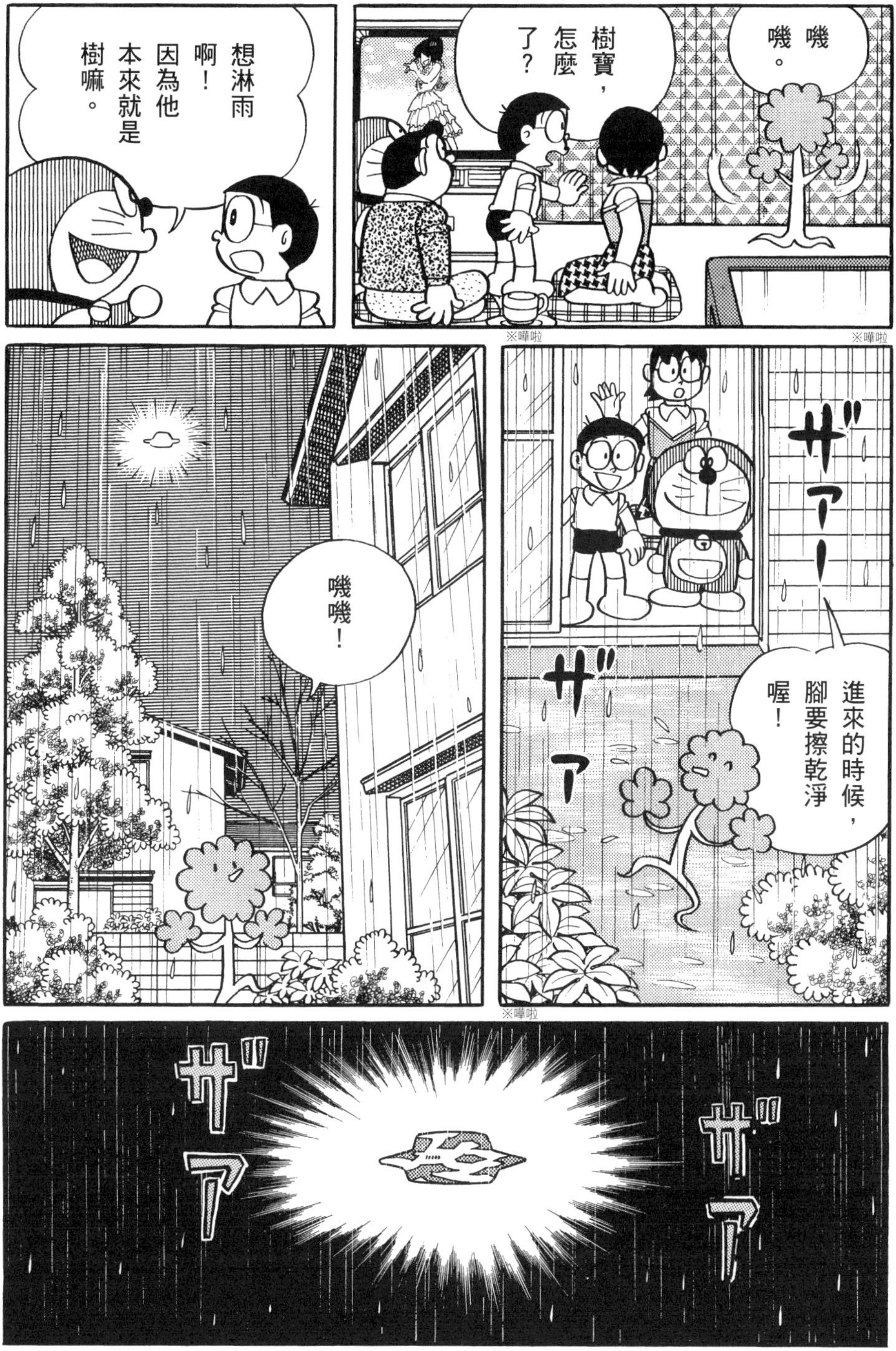

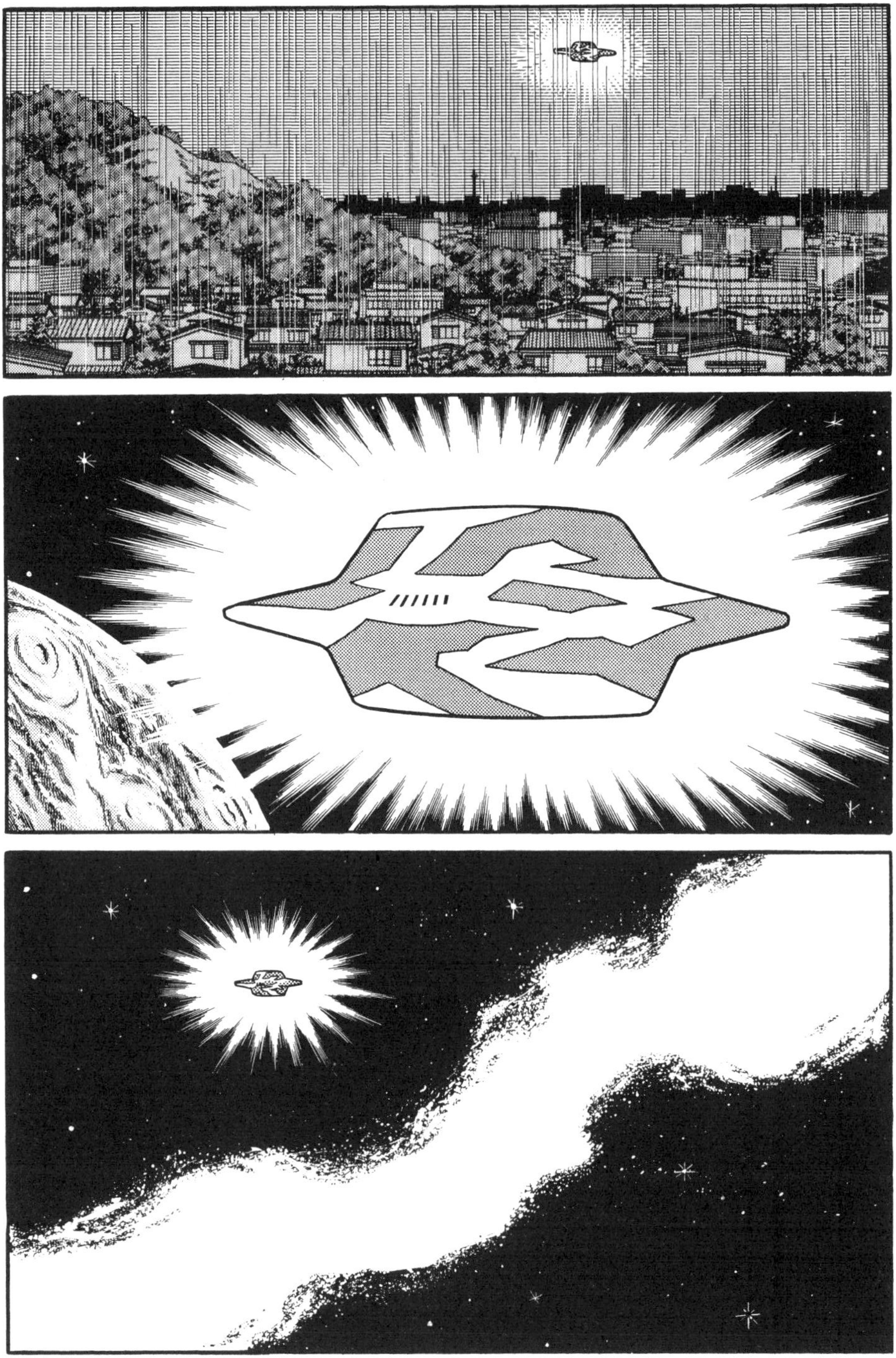

動植物放大鏡Q&A

Q 有些植物和動物一樣，會分成雄性和雌性。這是真的嗎？

A 真的。銀杏和東瀛珊瑚有分雄株和雌株，只有雌株會結實。像小黃瓜等就是同一棵上面分別開著雄花和雌花。

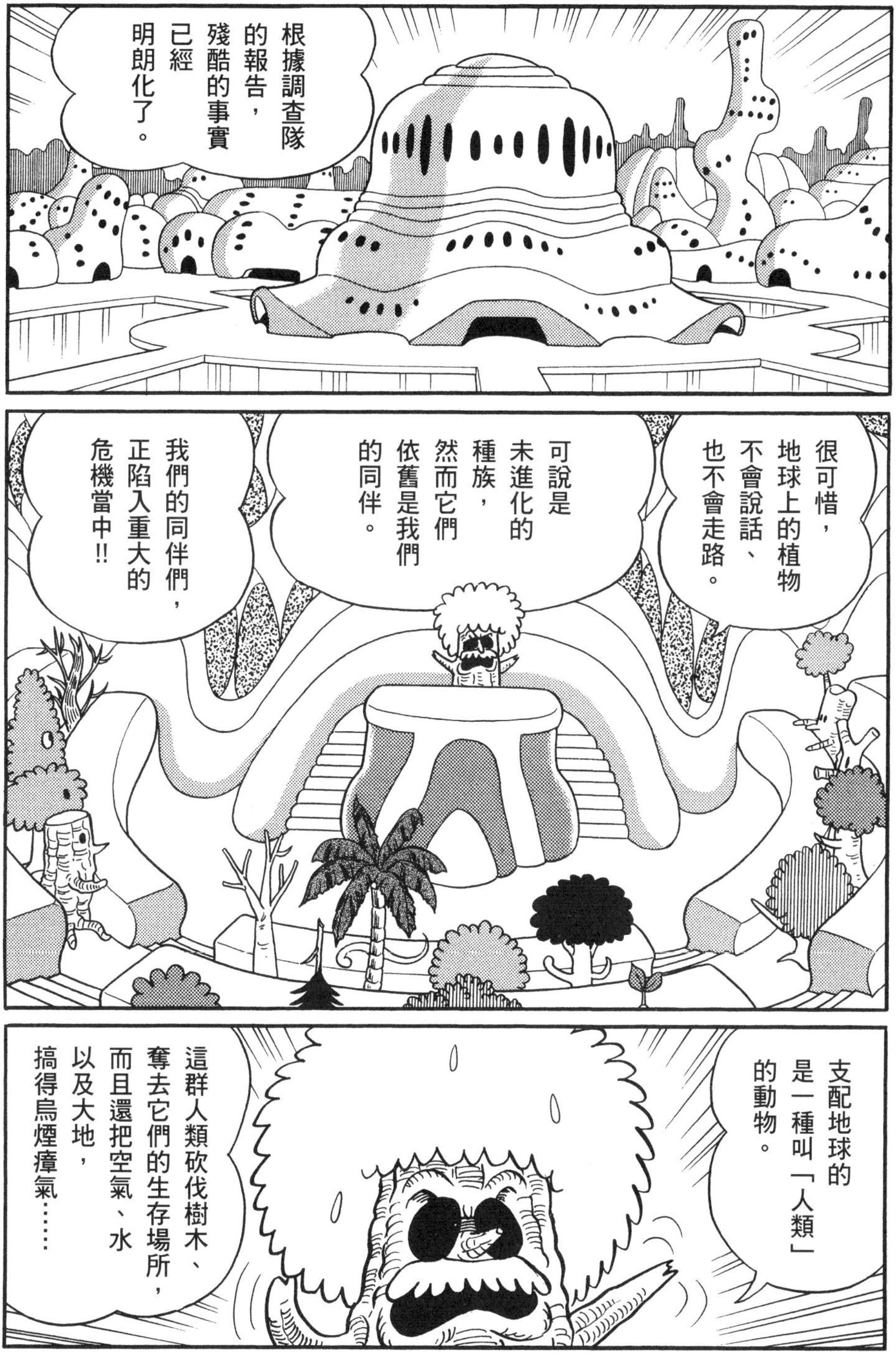

根據調查隊的報告，殘酷的事實已經明朗化了。
很可惜，地球上的植物不會說話、也不會走路。
可說是未進化的種族，然而它們依舊是我們的同伴。
我們的同伴們，正陷入重大的危機當中!!
支配地球的是一種叫「人類」的動物。
這群人類砍伐樹木、奪去它們的生存場所，而且還把空氣、水以及大地，搞得烏煙瘴氣……

再這樣下去……
地球上的植物恐怕有滅亡之虞……
太野蠻了！
我們同樣是植物，不可棄同伴於不顧。
得趕快伸出援手!!
讓全地球的植物移居他處。
先等一下。
其中有一個問題。
以人類為首的動物們，都必須呼吸植物吐出的氧氣生存。
如果帶走所有植物，人類與動物只有死路一條。
那又是誰在消滅如此寶貴的植物呢!?
不必幫人類考慮後果！
拯救地球的植物!!

動植物放大鏡Q&A

Q 有些樹的葉片就像秋天的紅葉那般，從春天到初夏都是紅色的。這是真的嗎？

A 真的。野桐和樟樹的新葉都是紅色的。一般認為那是為了要保護葉片組織不受紫外線的傷害，紅色的葉子後來會變成綠色。

樹寶最近看漫畫看膩了，
還自己從爸爸的書櫃裡，拿出深奧的書來看。
早上的報紙呢……
樹寶拿到二樓去了。
看完要放回原位喔。
讀書很好，但也要多曬曬太陽喔。

動植物放大鏡Q&A

Q 若把森林的樹木全砍掉，要回復到原本安定森林的狀態需要多久？

①數年 ②數十年 ③數百年

A ③數百年。雖然次生林只要20~30年就能恢復原狀，但要充分成長為安定的森林，必須花上數百年的長久歲月。

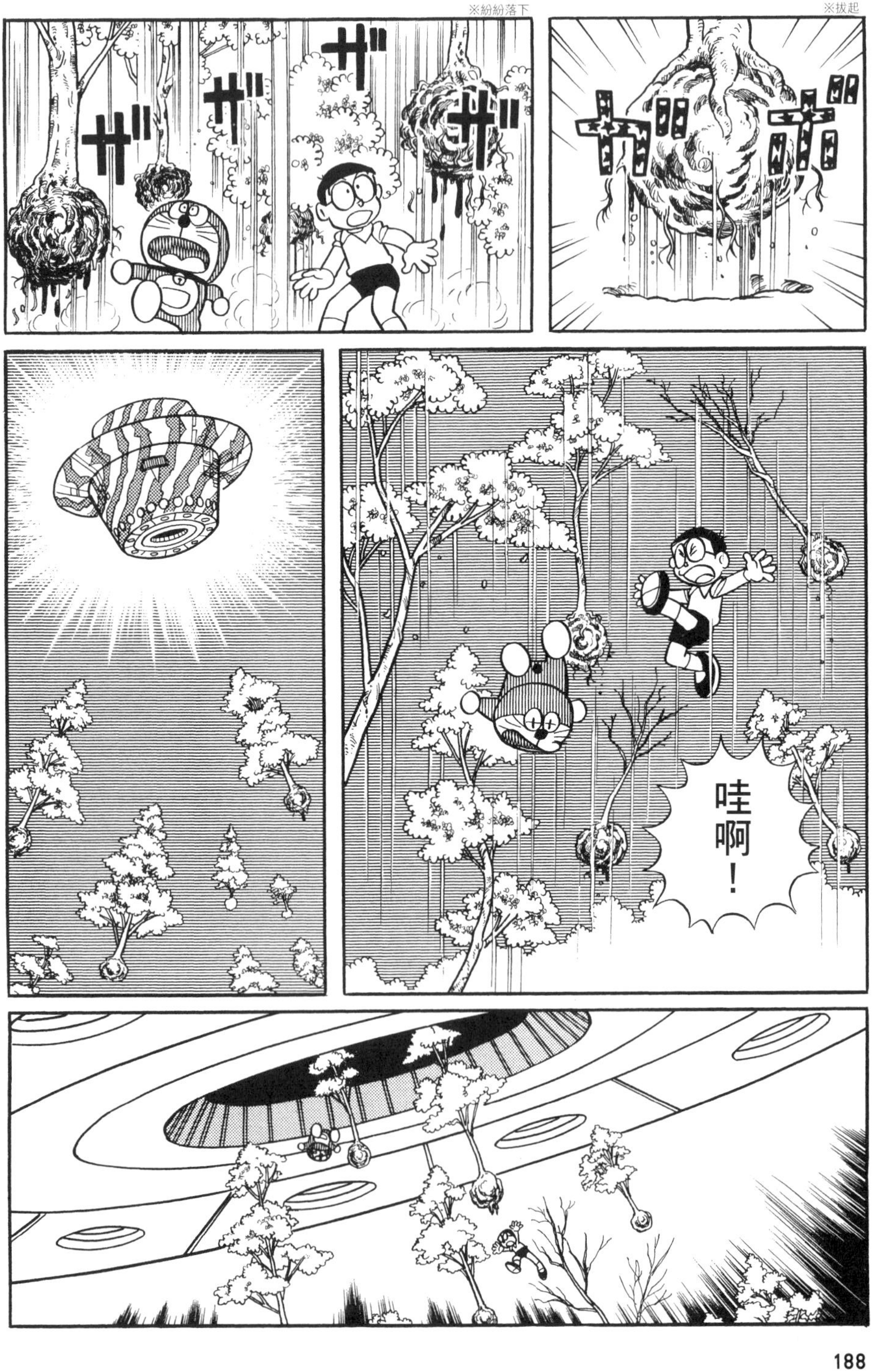
※拔起
※紛紛落下
ザ
ザ
ザ
ザ
哇啊！

動植物放大鏡Q&A

Q 在日本的天然林中，哪一種樹的森林最多？

① 枹櫟
② 栲樹
③ 山毛櫸樹

A

① 枹櫟。從日本天然林優勢樹種的森林面積來看，最多的是枹櫟林。若包含人工林的話，則是以杉樹林為最多。

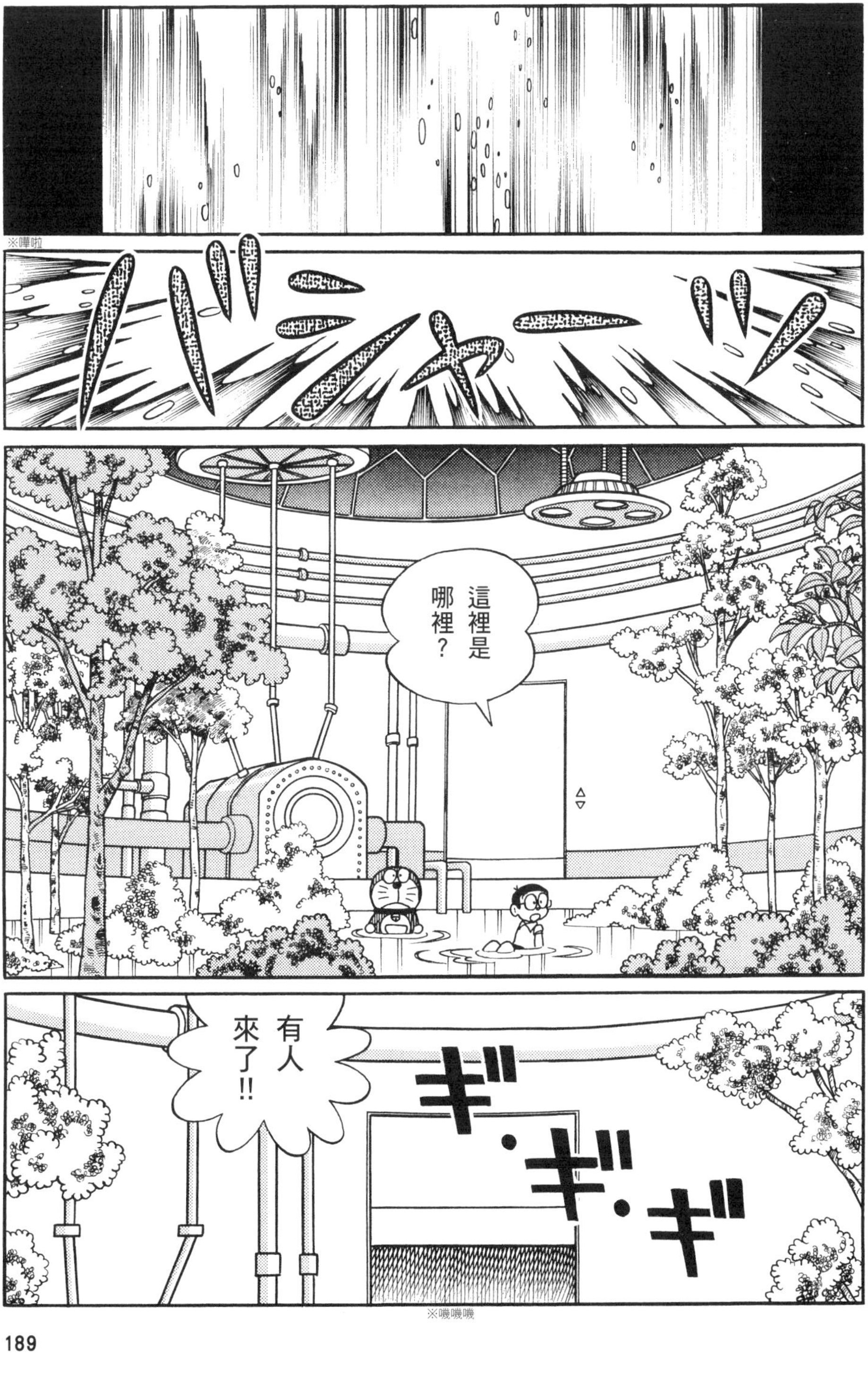

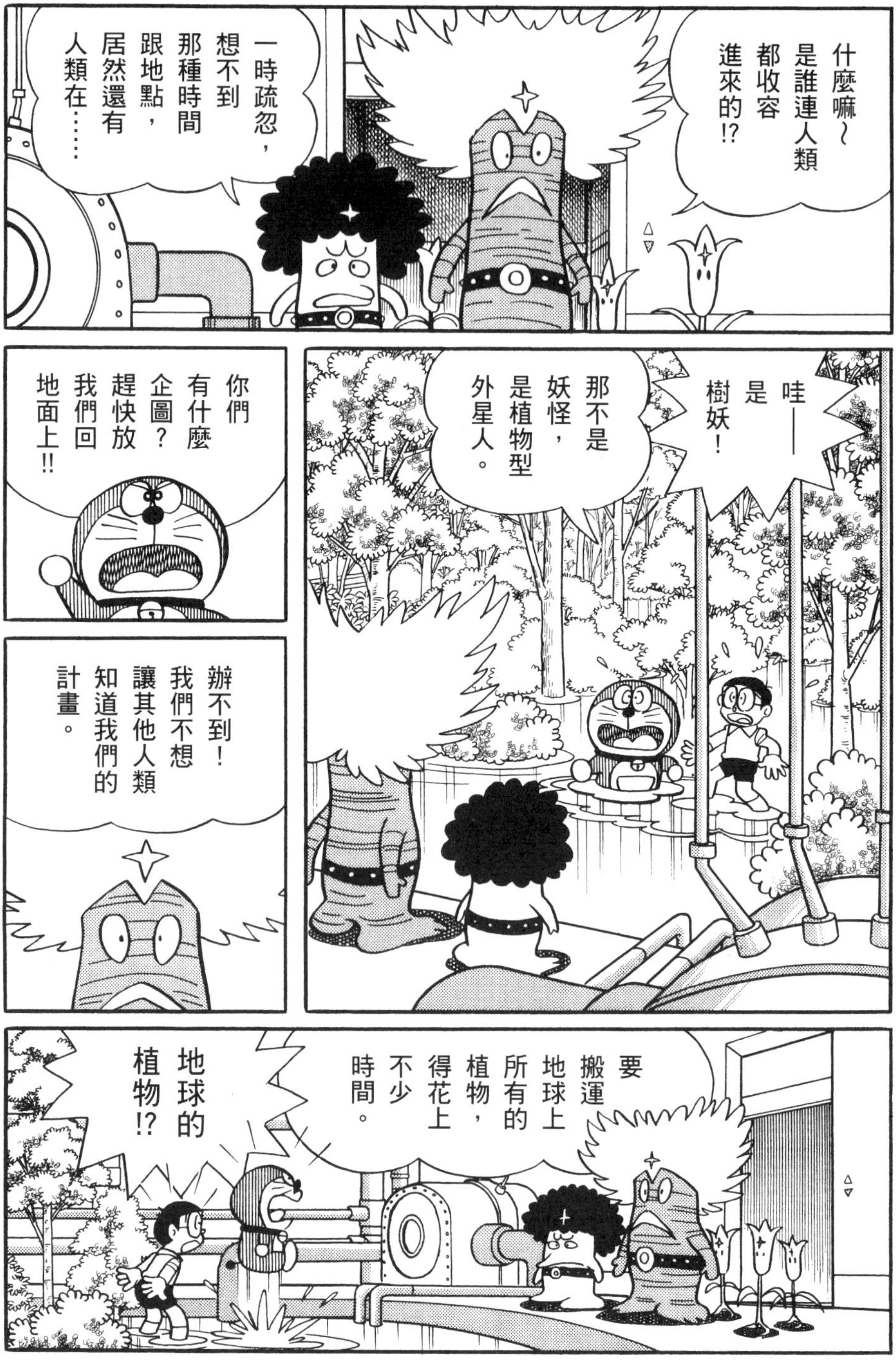
什麼嘛～是誰連人類都收容進來的!?
一時疏忽，想不到那種時間跟地點，居然還有人類在……
哇——是樹妖！
那不是妖怪，是植物型外星人。
你們有什麼企圖？趕快放我們回地面上!!
辦不到！我們不想讓其他人類知道我們的計畫。
要搬運地球上所有的植物，得花上不少時間。
地球的植物!?

動植物放大鏡Q&A
Q 為了保護里山的雜木林，應該盡量不要砍樹才好。這是真的嗎？

A 假的。到目前為止都是人類邊利用邊保護雜木林，若是沒有適度的間伐疏林或是整理的話，反而更容易被荒廢掉。

拜託你！
沒有植物，地球會成為死寂的星球。
是你們人類不好!!
放著不管，植物也會在你們手上滅亡。再說，距離那一天也不遠了。
※唰啵唰啵
你錯了。
是誰？還有人類嗎!?
チャポ…
チャポ…

動植物放大鏡Q&A

Q 全世界一年消失的森林面積大約是日本面積的百分之多少？ ①三十 ②十 ③三

A ①約百分之三十。一般認為每年被砍伐而減少的森林面積大約是一千萬公頃以上。其中以熱帶雨林減少得最多。

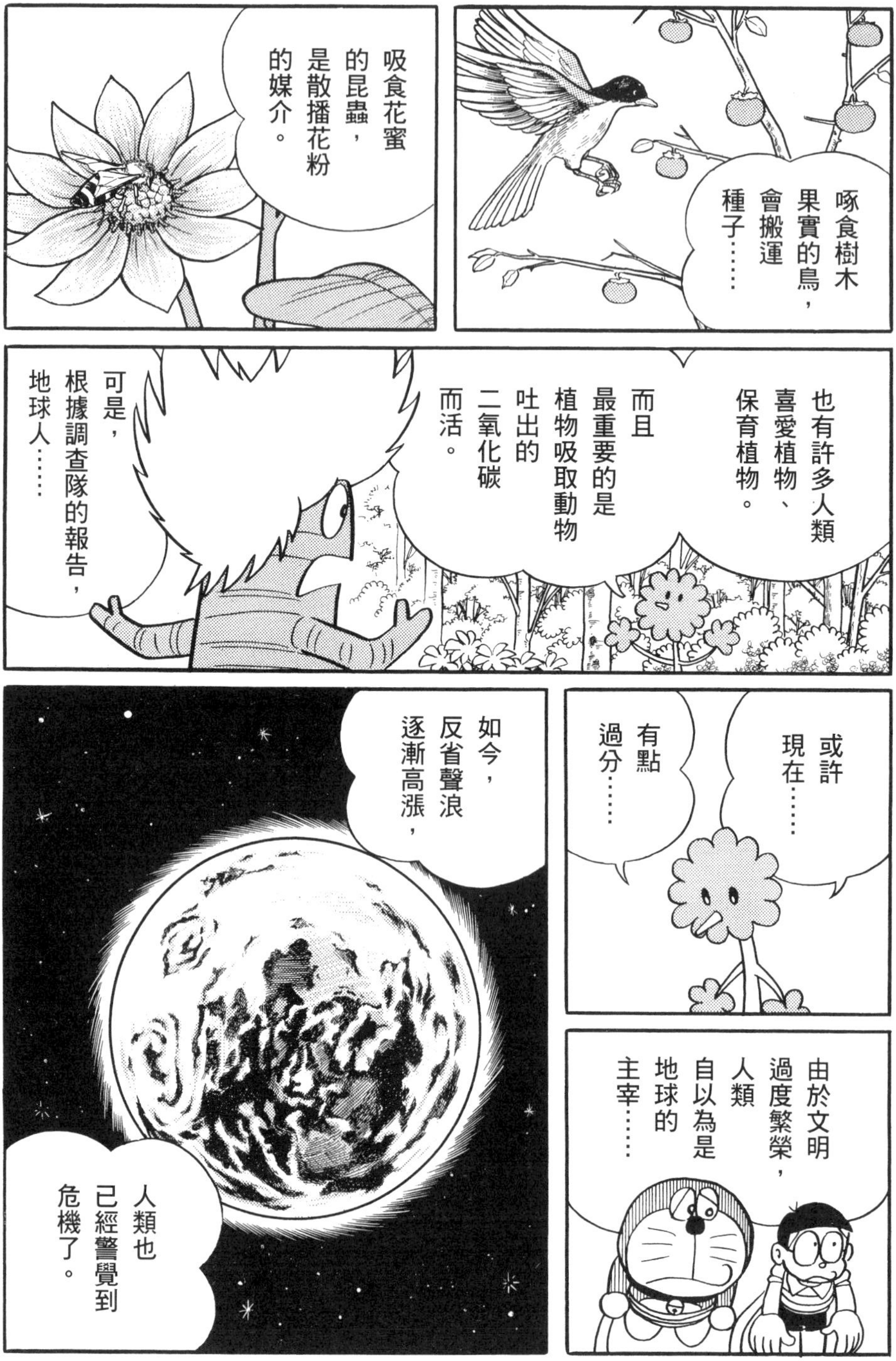
啄食樹木果實的鳥，會搬運種子……
吸食花蜜的昆蟲，是散播花粉的媒介。
也有許多人類喜愛植物、保育植物。
而且最重要的是植物吸取動物吐出的二氧化碳而活。
可是，根據調查隊的報告，地球人……
或許現在……
有點過分……
由於文明過度繁榮，人類自以為是地球的主宰……
如今，反省聲浪逐漸高漲，
人類也已經警覺到危機了。

動植物放大鏡Q&A

Q 日本所有野生動植物中，瀕臨絕種危機的物種有多少？①約三百種 ②約一千種 ③約三千種

A ③約三千種。瀕臨絕種的物種約為三千一百五十五種。在日本的野生動植物中，大約有三成有瀕臨滅絕的危機。

※啪嘰啪嘰啪嘰

我知道了，我們也不想隨便殺死地球上的動物。
我們取消計畫撤退。
可是百年之後⋯
如果地球比現在更加荒廢⋯
我們會再回來的！
嗯，我知道了。
哇啊，回來囉！
地球！還是原本的地球!!
那麼⋯
分離的時刻到了。
咦⋯？

動植物放大鏡Q&A

Q 森林之所以能夠幫助減少溫室氣體，是因為植物不呼吸。這是真的嗎？

A 假的。植物也是呼吸之後會排出二氧化碳，只不過它們會行光合作用，所以能夠吸收更多的二氧化碳。

我想前往宇宙，去看看進化的植物文明。
離別真令人難過……
謝謝你的照顧。
我也是。
多虧有你拯救了地球。
再見了，樹寶。
再見！
這麼晚才回來……
到哪裡鬼混了!?
媽媽都不知道地球剛剛差點就毀滅了呢！

森林植物也有生存競爭？

環境條件得天獨厚的日本，是世界數一數二的森林大國

日本的森林面積大約兩千五百萬公頃，相當於日本國土的三分之二。其中森林特別多的是高知縣與岐阜縣，縣面積百分之八十以上是森林。從歐美國家的森林比例為百分之三十至四十來看，日本在已開發的先進國家中可以說是具領先地位的森林大國。此外，日本的森林比例還比擁有廣闊熱帶雨林、輸出木材給日本的馬來西亞和菲律賓都還要高。

但如果看森林內容，就會發現日本的森林有一半以上是人工林。這是選擇杉樹、扁柏等具利用價值或是經濟價值高的樹木，以人工方式種植出來的森林，也就是「樹木農地」。而對培育生物多樣性、保持豐饒自然環境有幫助的天然林，大概只占整體的百分之四十左右。

為什麼日本會有這麼多森林呢？原因之一是雨量多，土壤有充分的溼氣。此外，由於山地多，很難開墾成農地等來利用，這樣看來不容易開發也是很幸運的。

在看天然林的時候，會發現雖然同樣是在日本，但是根據地域不同，森林的樣貌會有很大的差異。北方寒冷的地區或是海拔高的山區，常見的是葉子很尖的日本冷杉、魚鱗雲杉或日本鐵杉等針葉林為多。在南方溫暖的地區則是以冬天也還有茂密綠葉的栲樹、櫟樹等常綠闊葉林為多。在那中間則廣布著以冬天會落葉的山毛櫸、水櫟等落

▼槲寄生從根部釋出溶解樹皮的酵素，然後再侵入樹枝內奪取水跟養分。

葉闊葉林。根據當地的溫度條件，樹木的種類是會不大一樣的。

森林中的植物們也會反覆進行激烈的鬥爭

對於行光合作用製造養分的植物來說，獲得太陽光是最重要的事。因為如此，在森林中進行著激烈的光線爭奪戰。個子高的樹木為了想要多獲得一些光，會在上方把枝葉朝橫向伸展。而在其根部生長的矮木，為了要能在有限的光線下存活，就以「不長得很高大」的省能源作戰方式來生活。

▼以像是要包覆住樹幹的方式生長，最後會把對方絞死的絞殺植物。

若是想要靠一己之力長到很高的話，就必須要有很粗的樹幹，所以蔓藤植物就把自己細長的蔓藤依附在其他樹上，再往上生長。日本紫藤會把藤蔓捲到其他樹上去，山葡萄會是伸展卷鬚讓樹幫忙支撐一部分，地錦類則是像貼附在物體上面那樣的伸展藤蔓等，即使同為蔓藤植物，策略也是多種多樣。在亞熱帶和熱帶森林可以見到的細葉榕，是在其他樹木的樹上發芽後，就像是包覆住那棵樹一樣的生長，最後把那棵樹給絞殺掉。而被稱為寄生植物的槲寄生，則是把長在落葉樹的樹枝上的種子往樹枝中生根，奪取營養和水分。

特別專欄

樹葉會變成美麗紅葉的原因

當氣溫變低，樹木根部的活動就會變弱，把水吸上來的力量也會變弱。可是由於秋冬的空氣乾燥，從葉片蒸發的水分變多。因此，落葉樹為了不要喪失水分，就計畫性的讓葉片掉落。這時由於葉片基部的通路被關閉，在光合作用中製造出來的糖分堆積在葉片中，會製造出稱為花青素的紅色色素。等到葉片中的葉綠體被分解，葉片就會從綠色變成紅色，這就是紅葉的機制。由於銀杏是不製造花青素的，所以就只會剩下原本就含在葉綠體中的黃色色素。

森林爲什麼很重要？

森林在我們的生活中扮演了很重要的角色

雖然森林是由植物構成的，但是在森林裡面並不是只有植物，也有鳥獸、昆蟲等許多的生物生活著。森林對這些生物來說是不可或缺、支撐生命的場所。當然對人類來說，森林也扮演了各種不同的角色。

首先，森林是提供我們住宅建材的木材供給地。杉樹、扁柏、日本落葉松等生長速度較快的針葉樹，在以生產木材為目的的人工林中被大量栽種著。雖然現在大部分都是以鐵或水泥等各種新式建築材料來蓋房子，但是使用扁柏建造的奈良法隆寺（世界文化遺產），已經在當地屹立了一千三百年，是現存世界上最古老的木造建築物，這證明了木材是優秀的建築材料。

除此之外，森林也還具有許多守護我們生活的各種機能。

其中之一是保水作用。日本是多山的島國，雨水到了河川之後，立刻就會流到海裡去。雖然為了要確保水源蓋了許多水壩，不過森林的作用其實和這類水壩差不多。森林的土壤表層廣布著由許多的落葉等堆積而成、能夠像海綿般吸收許多水分的堆積層。這個構造可以防止雨水馬上流入河川中，產生讓水緩慢流動的效果。

近年來，由於豪大雨所造成的河川水位急速暴漲成為問題，一般認為其原因不只在於雨量，過度開發而讓森林消失，損害了貯存雨水的機能應該也是部分因素。

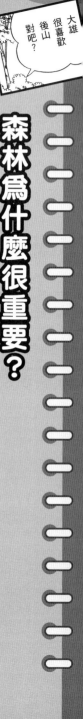

另外，森林也具有防止土石災害的機能。由於被堆積層覆蓋，再加上許多樹木如果能好好的札根，就能夠抑制因下雨所造成的地盤崩塌、防止土石流出。只不過人工林的堆積層及札根的深度很淺，所以跟天然林相較之下，這個機能相對比較弱。

另一個森林的機能，是最近重要性增加的防止地球暖化機能。森林中的樹木，能夠吸收空氣中的二氧化碳進行光合作用，於是就具有減少暖化氣體的效果。日本的森林一整年吸收的二氧化碳總量約為一億公噸，這大約相當於日本的二氧化碳總排出量的百分之八。

熊、猴子、山豬到人類住家附近的原因

日本近年來，猴子、山豬、鹿等野生動物在人類住家附近出現，破壞農地的災害增加。熊的出現次數也是逐年增加。雖然一般認為是因為森林本身因開發或砍伐而減少，山上的樹木結實量變少所導致，不過原因應該不只如此。也有意見認為那是由於巧妙利用森林的文化消失所致。

在森林中追逐動物的獵人減少，介於森林與人類住家之間的里山，因為沒有人的參與而荒廢。由於這些事情，導致森林與人類居所的界線變得含糊不清。也許就是因為這樣，讓變得不怕人的動物，在從前能夠感覺到人類氣息的場所（里山）消失之後，就很理所當然的出現在住家附近了。

特別專欄

不被活用的森林

日本的森林正面臨著非常大的問題。那就是有非常多既沒有被整理，也沒有被利用，就此放置不管的森林。由於燃料革命，讓木柴和木炭不再被需要，從國外進口便宜的木材也讓日本木材的需求量減少，加上林業相關人士的高齡化無法充分管理等，都是造成森林被放置不管的部分原因。

只不過曾經被人力整理過的森林，在沒有整理荒廢掉之後，不論是對人類或是對生物們來說都稱不上是良好的環境。應該如何去活用它，成為日本森林的最大課題。

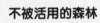

啄食樹木果實的鳥，會搬運種子……

生物多樣性支撐著地球？

生態失衡，自然的豐富度正在喪失中

英國皇家植物園及國際自然保護聯盟等研究團隊，於二〇一〇年秋天發表了一篇研究報告，在這篇報告中指出「世界目前已知的大約三十八萬種植物之中，大約有五分之一被分類為有絕種危機」。此外，日本的野生植物大約有七千種，其中有一千六百五十五種，大約百分之二十四也被列在有絕種危機的「紅皮書」之中。聯合國在二〇一〇年五月的「全球生物多樣性展望」中警告：「全世界的大自然正以失控的速度在遭受破壞中，受破壞的程度已經接近再也無法回復原狀的『臨界點』。」

由於人類所造成的開發或汙染、持續增加的外來種以及大自然的氣候變遷等影響，據說現在每天有一百種動植物正在從這個地球上消失。為什麼物種會以如此急遽的速度消失呢？其中的一個主要原因，只要看日本櫻草就能夠了解。

野生的日本櫻草一直到昭和中期（西元一九四五年至一九七二年）前，在日本各地的河岸邊或是樹林中都能夠經常看見。但是隨著河川的整治及周邊的開發，棲息地漸漸消失，櫻草的數目也隨之逐年減少。三裂葉猪草和北美

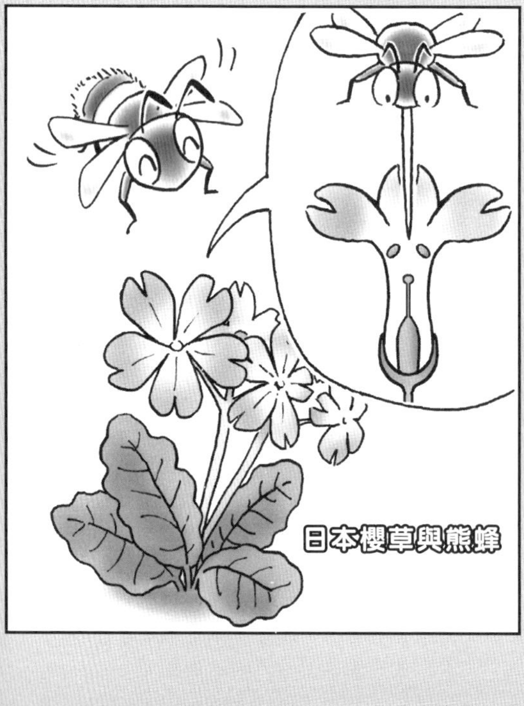
日本櫻草與熊蜂

一枝黃花等大型的外來植物侵入棲息地繁殖，對低矮的櫻草也是一大打擊。另一個讓數量變得更少的原因，是櫻草雖然還是會開花，但卻不容易結種子。

櫻草為什麼會變得不容易產生種子呢？那是因為協助傳送花粉的熊蜂，因為農藥散布的影響而消失了身影。櫻草花的形狀和熊蜂的嘴型完全吻合，熊蜂擔負著傳送櫻草花粉讓花受精的重要角色。但是由於熊蜂消失，櫻草無法受粉，也就無法產生種子了。

所以，要保護某種生物，必須知道該生物在生活史中和什麼樣的生物有關連，然後必須保護整體的棲息環境才行。

全世界團結一致保護生物多樣性是最重要的

像這樣各種生物彼此互相產生關連、相互支撐著生活，就稱為「生物多樣性」。這樣的多樣性不是只有生物種類的多少而已，還包含了基於彼此關係而產生的生態系的豐富度，以及能夠將生物傳承到未來去的基因多樣性。

一九九二年世界各國聚集討論環境問題的「環境高峰會」在巴西舉行。在當時和地球暖化對策一起成為討論主題的就是這個生物多樣性問題。會議中也決定了世界各國將同心協力保護生物多樣性，不論是先進國家或是開發中國家，都要一起致力於遵守善用生物資源的「生物多樣性公約」。不是單單保護個別物種而已，而是應該一起保護整個地區環境才是最重要的，這種新的想法也是因這個生物多樣性公約而誕生的。

現今，全世界已經有一百九十三個國家與地區參與這個公約。

特別專欄

在名古屋召開的 COP10

COP 是加入生物多樣性公約的國家與地區所參加的會議（第 10 次締約國會議 COP10），於 2010 年 10 月在日本名古屋召開。會議中針對生物遺傳資源的公平利用方式，以及擴大陸地和海洋的生物保護區，保護生物的棲息地等議題進行討論。有關保護區部分，訂定了要把保護區在陸地上的比例擴大到百分之十七；在海洋的比例要擴大到百分之十；讓生物棲息地消失的速度減半等目標。各國要朝著這個目標，為了保護生物多樣性而努力。

後記　生物界的轉變

實吉達郎

只要貓咪搔耳朵後面就會下雨，這是真的嗎？所謂的只要貓「洗臉」就會下雨，並不是真的，通常都不會下雨。不過當貓在抓耳朵後面的時候，是由於貓耳朵中的毛，碰觸到空氣中的溼氣讓牠覺得癢、不舒服，所以貓才會去搔它。這麼說來，至少空氣中的溼氣是變多了吧！那不久之後應該就會下雨。這其實也不算正確。因為溼氣有可能只是溼氣，並不會多到下雨的程度。

霍加彼鹿的舌頭有三十五公分長，牠們會伸出長長的舌頭洗臉，還可以清洗耳朵裡面。牠們的舌頭有抓握樹枝的力量，可以把樹枝往下拉，把樹枝折斷，再吃上面的葉子。

魚在晚上也不睡覺。好像沒有人看過魚呼呼大睡的樣子。可是花鰭儒艮鯛這種在海裡成群生活的魚，到了夜晚卻會一起躺在海底，排在一起睡覺。

你知道狼其實比狗還要溫柔嗎？把一隻瘦巴巴、身體狀況很差的小狗分別帶到有幾隻狗和有幾頭狼的地方去，狗群會不予理會，但是狼群會立刻湊過來用舌頭舔牠。那隻小狗後來就一直跟著狼群，成為群體的一份子，平安長大。

就像這樣，生物間的行為和關係有許多是我們所不知道的。越加觀察、書讀越多，就越會覺得有趣。而且牠們的關係並不只是像「肉食與草食」、「強者與弱者」這樣很簡單易懂而已。例如在蜂類中有狩獵蜂和寄生蜂，這些蜂是不成群的，牠們會去獵捕蝶或蛾的幼蟲，不殺牠們但會麻痺牠們，然後把自己的卵產在那隻幼蟲的身體裡。在那裡孵化的狩獵蜂幼蟲就會吃那隻被麻痺的蝶或蛾的幼蟲身體長大，再變成成蟲。我曾飼養過柑橘鳳蝶的幼蟲，在牠變成蛹後，原本期待在不久之後會有美麗的蝴蝶羽化，但是卻怎麼等都等不到。仔細檢查過後，發現蛹裡面空蕩蕩的，但是飼養箱中卻有一隻幼小的蜂誕生！我知道是這個傢伙（狩獵蜂）幹的好事之後，就像被胖虎欺負的大雄一樣放聲大哭。

不過，這種討人厭的狩獵蜂，也會被別種蜂給盯上，想要寄生在牠身上。當某種狩獵蜂在名為舞毒蛾的幼蟲身上寄生產卵，但就在狩獵蜂卵孵化變成的幼蟲身上，還會發現有別種寄生蜂或蠅（寄生蠅）在上面產卵。而且會這樣做的寄生蜂和蠅有十種以上！這種情形稱為重複寄生。

如此，生物之間的關係非常複雜，而且多種多樣（多樣性）。剛才提到的寄生蜂、狩獵蜂、蝶和蛾的幼蟲之間的關係，也可以再往微觀的層面來思考。然後就會發現在分別只有三到四公分，或是僅僅只有幾公釐的昆蟲體內，有數不清的微生物和病毒棲息著，它們一個個互相有關連，寄生、共生，彼此對抗或是相親相愛。它們的關係錯綜複雜、夾雜不清、非常難懂！請大家讓自己的腦力全開，絞盡腦汁，試著用自己所有的推理力和想像力來描繪那個世界。

此外，構築出這個複雜世界的生物們總是在增加、減少、滅絕、改變性質。長久以來，我一直認為不管人類怎麼改變對生物界帶來的影響，生物界還是不會改變的。我相信百合花、紫雲英、蕈類、螳螂、蜥蜴應該也還是具有同樣的特性，持續過同樣的生活。可是沒過幾十年，我就發現到生物們也逐漸在改變。

光是我注意到而且有確認過的就有以下幾種。首先蟪蛄好像已經消失、鳴蟬的叫聲也改變了。從前的鳴蟬是「ㄇㄧ！ㄇㄧㄇㄧㄇㄧㄇㄧㄇㄧ！ㄇㄧ！……」的會反覆六次「ㄇㄧ」，現在的鳴蟬則是「ㄇㄧ！ㄇㄧㄇㄧㄇㄧ！ㄇㄧ！」的只反覆三次「ㄇㄧ」而已。梨片蟋從前並不會叫到讓人覺得「啊啊，好吵啊！」，可是現在不論在大都會區或是在新興社區，牠們都會在樹上，高聲地叫著：「ㄌㄧ！ㄌㄧ！ㄌㄧ！ㄌㄧ！ㄌㄧ！……」到二十年前左右為止，公園或草堤上已經不太能見到大隻的蚱蜢，最近卻是在隨時都有孩子們和狗在玩耍的公寓空地上，只要仔細找個一到兩分鐘，就能夠抓到好幾隻從頭到腳有十公分以上的中華劍角蝗。

這種大型蚱蜢數量增加的原因之一，是孩子們不再去捕捉。雖然現在還是有些活潑的孩子會追著中華劍角蝗、河原蝗或負蝗等昆蟲跑，但是當我捉到蟲，遞出去問他們：「抓到了，你要不要啊？」的時候，他們會回答：「討厭，不要！」而且感到害怕的孩子也不少。整體來說，大多數的孩子對昆蟲變得絲毫不感興趣，我對這樣的情況感到十分遺憾。即使是現在，其實只要隨意找一找，就能夠找到有趣的野生生物。希望大家都能夠多多關心這些實際存在的生物。

哆啦A夢科學任意門 ❸

動植物放大鏡

●漫畫／藤子・F・不二雄
●原書名／ドラえもん科学ワールド—— 動植物の不思議
●日文版審訂／ Fujiko Pro、實吉達郎、多田多惠子
●日文版撰文／瀧田義博、山本榮喜
●日文版版面設計／ Studio WOW!
●日文版封面設計／有泉勝一（Timemachine）
●日文版編輯／ Fujiko Pro、小學館哆啦A夢工作室

●翻譯／張東君
●台灣版審訂／吳聲海

發行人／王榮文
出版發行／遠流出版事業股份有限公司
地址：104005 台北市中山北路一段 11 號 13 樓
電話：(02)2571-0297　傳真：(02)2571-0197　郵撥：0189456-1
著作權顧問／蕭雄淋律師

2015 年 11 月 1 日 初版一刷　2024 年 6 月 5 日 二版二刷
定價／新台幣 350 元（缺頁或破損的書，請寄回更換）

ISBN 978-626-361-285-3
遠流博識網　http://www.ylib.com　E-mail:ylib@ylib.com

◎日本小學館正式授權台灣中文版
●發行所／台灣小學館股份有限公司
●總經理／齋藤滿
●產品經理／黃馨瑝
●責任編輯／小倉宏一、李宗幸
●美術編輯／蘇彩金、李怡珊

國家圖書館出版品預行編目（CIP）資料

動植物放大鏡 / 藤子・F・不二雄漫畫 ; 日本小學館編輯撰文 ;
張東君翻譯. -- 二版. -- 台北市 : 遠流出版事業有限公司,
2023.12
面 ;　公分. --（哆啦 A 夢科學任意門 ; 3）

譯自 : ドラえもん探究ワールド : 動植物の不思議
ISBN 978-626-361-285-3（平裝）

1.CST: 動物　2.CST: 植物　3.CST: 漫畫

380　112016050

※ 本書為 2010 年日本小學館出版的《動植物の不思議》台灣中文版，在台灣經重新審閱、編輯後發行，因此少部分內容與日文版不同，特此聲明。